Metalle zum Drehen

- Aluminium - Automatenstahl - C45 - Edelstahl - Grauguß - Lagerbronze
- Messing - Silberstahl - Titan - Polyacetal(Delrin) - Teflon
- In rund, flach, vier- und sechskant **- Längenzuschnitte**
- Stirnzahnräder Modul 0,5 - 0,7 - 0,75 - 1,0
- Bleche - Rohre - Schrauben

Katalog per Post gegen 3 Euro in Briefmarken
Katalog per eMail **kostenlos**   metallschmitt@t-online.de
Paul Schmitt   Hauptstraße 81   76889 Kapsweyer   Tel. 06340-918547   Fax 06340-5443

---

seit 1982

A BIS Z MAYR
VERSANDHANDEL für Haus, Werkstatt und Büro
FERTIGUNGSZENTRUM für Metall und Kunststoff

Fordern Sie unsere Unterlagen an!

- **Fertigung sämtlicher Dampfmaschinen-Modelle** nach Ihren Angaben / Wünschen bzw. Modellsatz
- **Materialsätze / Bausätze** der bekanntesten Modelle auf Lager (z.B. Stuart, Regner); **Zubehör** (Schrauben, Armaturen, etc.)
- **Qualitätswerkzeuge und Maschinen** ausgesuchter Hersteller (auch gebraucht) für Ihr Hobby oder Ihren Beruf
- **Sondermaschinen- / Prototypenbau** (Umbau von Standard-Werkzeugmaschinen speziell für Ihre Anforderungen, etc.)

- **Materialbeschaffung** nach Ihrer Zeichnung oder Stückliste zu festen Angebotspreisen
- **Ausbesserungs- und Reparaturarbeiten**
- **Lohnarbeiten** (Fertigungsarbeiten, auch CNC)
- **Planung - Beratung - Unterstützung** Ihres Modellbauprojektes

Rosenheimer Strasse 145a · Bau 140 · UG · D-81671 München · Postfach 90 07 42 · D-81507 München
Tel. (0 89) 450 67 02 · Fax (0 89) 40 64 73 · Email: info@mayr-versand.de · http://www.mayr-versand.de
Gerne vereinbaren wir mit Ihnen einen ganz persönlichen Beratungstermin!

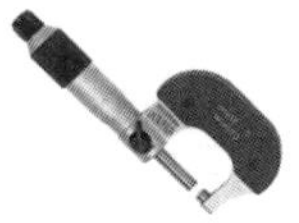

Metalle in allen Qualitäten und Abmessungen

Stangen, Profile, Drähte, Bleche aus Messing, Kupfer, Rotguß, Bronze, Aluminium, Stahl, Edelstahl

- Fordern Sie unsere Lager- und Preisliste an, natürlich kostenlos -

WILMS Metallmarkt • Widdersdorfer Straße 215 • 50825 Köln (Ehrenfeld)
Telefon 0221 / 54 66 80 • Telefax 0221 / 54 66 830
Geschäftszeiten: Montag - Freitag 8.00 Uhr bis 16.30 Uhr

Günstige Werkstoffe und Schrauben für Funktionsmodellbau

Zum Dampfkesselbau:
Messingrohr mit Deckel (gerade oder gewölbt)
Durchmesser und Länge nach Wunsch

NEU im Sortiment!
Modellbauschrauben zu günstigen Preisen
M1.4 bis M3
MS, St, VA

Fordern Sie unseren kostenlosen Katalog an oder besuchen Sie uns im Internet

Maschinenbau Hartmann
Bruno Hartmann
Hauptstr. 20
97456 Dittelbrunn-Pfändhausen
Tel: 09720/597
Fax: 09720/950287
www.maschinenbau-hartmann.de

Dampflokomotive der Schweizerischen Bundesbahnen,

SBB, Typ E 4/4, Baujahr 1914–1915 der Schweizerische Lokomotiv und Maschinenfabrik, Winterthur.
Alle Dampflokomotiven dieses Typs Nr. 8801–8802 und 8851–8856 wurden zwischen 1961–1965 ausser Dienst gestellt und alle verschrottet. Kein Original ist mehr übrig geblieben.
Wir bauen das Modell Nr. 8856, mit Doppelachspumpe, Dampfpumpe, Luftbremsen, Blattfederung mit Ausgleich.

Daten zum Modell

Spurweite:	5″ = 127 mm	Zylinderbohrung:	42 mm
Massstab:	1:11	Höhe ab Schienen:	392 mm
Länge über Puffer:	968 mm	Kleinster Kurvenradius:	6 m
Heizung:	Kohle	Treib- und Kuppelrad-Ø:	112 mm
Kesselmaterial:	Stahl	Gewicht:	ca. 100 kg
Kesseldruck:	8 bar		

Wir liefern auch Teilkomponenten: Zylinder mit Rundschieber, Sicherheitsventile, Wasserstandsanzeige, Kupplungen oder aber auch Baupläne. Fragen Sie uns an.

Mehr Infos unter: www.orbetech.ch

ORBETECH AG | Keltenweg 6 | CH- 6312 Steinhausen
Tel. 0041 41 743 02 72 | Fax 0041 41 743 02 74 | info@orbetech.ch

---

Aus unserer Dampfreihe

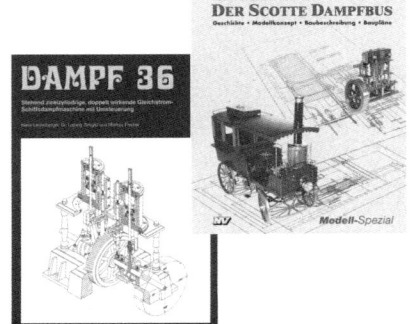

H. Leuenberger / Dr. L. Zirngibel / M. Fischer
Dampf 36
Stehend zweizylindrige, doppelt wirkende Gleichstrom-Schiffsdampfmaschine mit Umsteuerung

2004. 108 Seiten, DIN A4, **mit Bauplan**
ISBN 978-3-7883-0657-1
Best.-Nr. 657   € 19,90 [D] / sFr. 35,10

Heinrich Schmidt-Römer
Dampf 37
Der Scotte Dampfbus – Geschichte, Modellkonzept, Baubeschreibung, Baupläne

2005. 168 Seiten, 101 Abbildungen, DIN A4
ISBN 978-3-7883-0688-5
Best.-Nr. 688   € 22,90 [D] / sFr. 40,10

Für versierte Modellbauer gibt es den **Bauplan Scotte Dampfbus** (9 Pläne à 128 x 80 cm) in Kombination mit dem **Fachbuch Dampf 37**
Best.-Nr. 9811   € 108,– [D] / sFr. 171,–

Natürlich von NV
www.neckar-verlag.de

DAMPF 38

DIETMAR SCHELLENBERG

ROCKET

HISTORIE – BAUANLEITUNG – TENDER

Modell-*Spezial*

Herausgegeben von
Udo Mannek

Neckar-Verlag GmbH • Villingen-Schwenningen

ISBN-10: 3-7883-0658-0
ISBN-13: 978-3-7883-0658-8

© 2007 by Neckar-Verlag GmbH,
Klosterring 1, 78050 Villingen-Schwenningen
www.neckar-verlag.de

Alle Rechte, besonders das Übersetzungsrecht, vorbehalten. Nachdruck oder Vervielfältigung von Text und Bildern, sowie Verbreitung über elektronische Medien, auch auszugsweise, nur mit ausdrücklicher Genehmigung des Verlages.

Printed in Germany by
Kössinger AG, 84069 Schierling

Inhalt

Etwas Historie ....
Bauanleitung 6
Zusammenbau der Rocket 12
Tender mit Spiritustank und Regulierungsventil 19
Prüfstand für die Rocket 55
Literaturhinweise 71
.... 72

Etwas Historie

Angefangen hat alles mit der Erfindung der Eisenbahn und dem genialen Richard Trevithick. Im Jahre 1801 baute er ein Straßenlokomobil. Nach einer erstaunlich langen Probefahrt mit dem Ungetüm pausierten er und viele Freunde in einem Pub, um kräftig mit einigen Pints auf den Erfolg anzustoßen. Leider kümmerte sich keiner um seine draußen abgestellte Maschine. Irgendwie waren glühende Kohlen aus der Feuerbuchse herausgefallen, setzten seine damals noch mit viel Holz gebaute Maschine in Brand und zerstörten sie völlig.

Drei Jahre später, 1804, präsentierte Trevithick eine Dampflokomotive auf Gleisen. Er baute für ein Hüttenwerk in Pennydarren die erste brauchbare Lokomotive. Diese hatte ein Schwungrad und einen Kesseldruck von ca. 3 bar und trug den Namen „INVICTA". Perfekt war das Ganze aber immer noch nicht. Es war eine sehr schwerfällige Maschine mit einem Zahnradgetriebe, konnte allerdings im Schrittempo alles, was man in einem Hüttenwerk so benötigt, zum nächsten Umschlaghafen transportieren.

Die Jungfernfahrt vor den Augen seines Geldgebers Samuel Homfray glückte, aber leider stellte man nach ein paar Tagen fest, dass die 7 Tonnen schwere Maschine eine ganze Reihe von gusseisernen Schienen zertrümmerte. Das wurde ganz klar auf die Dauer zu teuer. Homfray gab kein Geld mehr, und wieder einmal: „Aus der Traum!" Trevithick hatte sehr überzeugt, aber er schaffte es nie, seine Maschinen gewinnbringend zu verkaufen. Er ging nach Peru als Berater in einer Kupfer- und Silbermine, welche er später übernahm. In der Befreiungsarmee von Simon Bolivar kämpfte er gegen Spanien und entwickelte für die Rebellen ein neues Geschütz. Jedoch die Spanier gewannen, er musste fliehen und verlor seinen gesamten Besitz. Er floh durch den Dschungel nach Kolumbien und traf dort auf Robert Stephenson, den Sohn jenes erfolgreichen, britischen Eisenbahnbauers George Stephenson, der mit Schienen aus Walzeisen und viel leichteren Maschinen Trevethicks größte Probleme zwischenzeitlich gelöst hatte. Robert Stephenson bezahlte dem alten Bekannten seines Vaters die Überfahrt nach England. Trevithick starb 1833 in

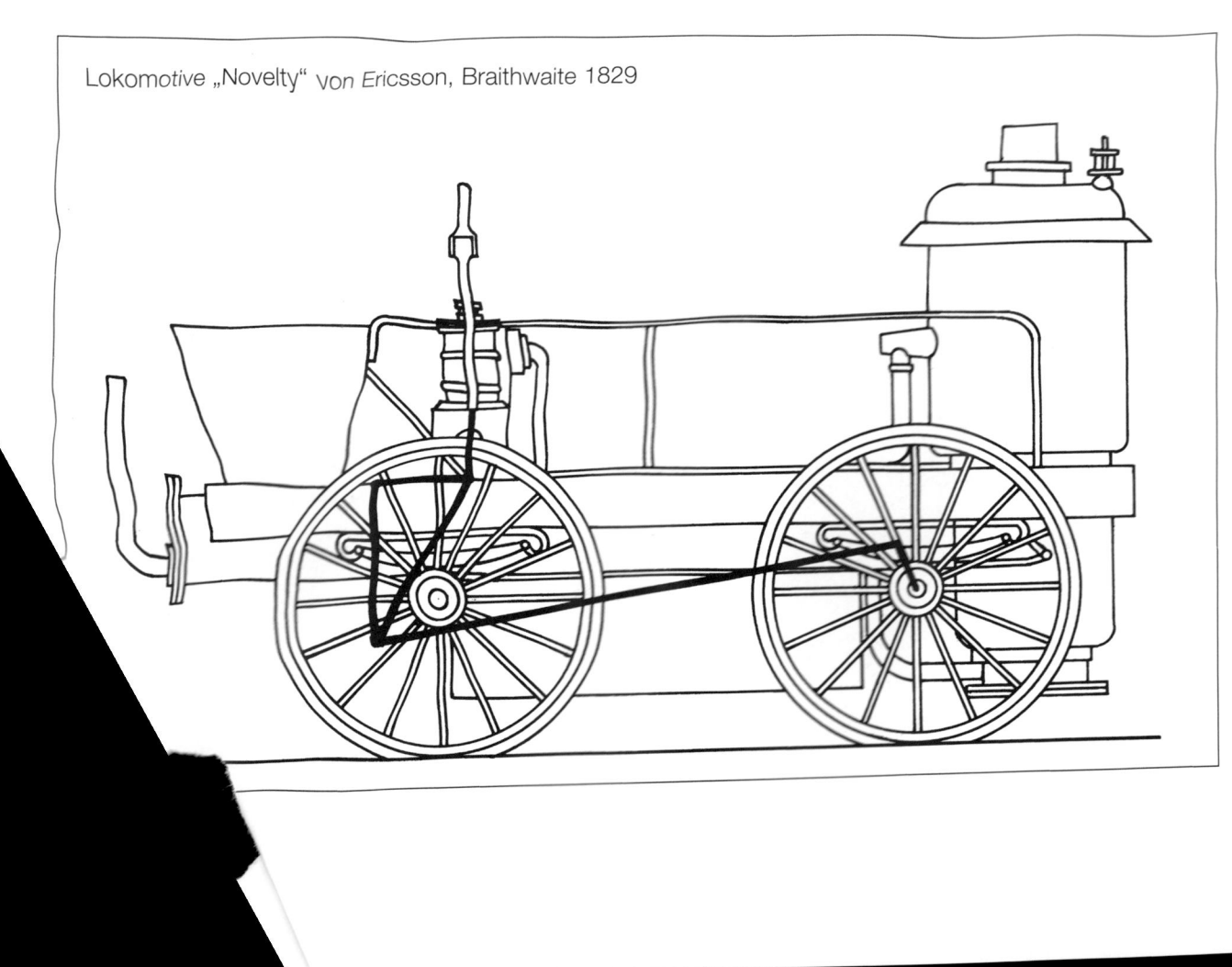

Lokomotive „Novelty" von Ericsson, Braithwaite 1829

Inhalt

Etwas Historie 6

Bauanleitung 12

Zusammenbau der Rocket 19

Tender mit Spiritustank und Regulierungsventil 55

Prüfstand für die Rocket 71

Literaturhinweise 72

Etwas Historie

Angefangen hat alles mit der Erfindung der Eisenbahn und dem genialen Richard Trevithick. Im Jahre 1801 baute er ein Straßenlokomobil. Nach einer erstaunlich langen Probefahrt mit dem Ungetüm pausierten er und viele Freunde in einem Pub, um kräftig mit einigen Pints auf den Erfolg anzustoßen. Leider kümmerte sich keiner um seine draußen abgestellte Maschine. Irgendwie waren glühende Kohlen aus der Feuerbuchse herausgefallen, setzten seine damals noch mit viel Holz gebaute Maschine in Brand und zerstörten sie völlig.

Drei Jahre später, 1804, präsentierte Trevithick eine Dampflokomotive auf Gleisen. Er baute für ein Hüttenwerk in Pennydarren die erste brauchbare Lokomotive. Diese hatte ein Schwungrad und einen Kesseldruck von ca. 3 bar und trug den Namen „INVICTA". Perfekt war das Ganze aber immer noch nicht. Es war eine sehr schwerfällige Maschine mit einem Zahnradgetriebe, konnte allerdings im Schritttempo alles, was man in einem Hüttenwerk so benötigt, zum nächsten Umschlaghafen transportieren.

Die Jungfernfahrt vor den Augen seines Geldgebers Samuel Homfray glückte, aber leider stellte man nach ein paar Tagen fest, dass die 7 Tonnen schwere Maschine eine ganze Reihe von gusseisernen Schienen zertrümmerte. Das wurde ganz klar auf die Dauer zu teuer. Homfray gab kein Geld mehr, und wieder einmal: „Aus der Traum!" Trevithick hatte sehr überzeugt, aber er schaffte es nie, seine Maschinen gewinnbringend zu verkaufen. Er ging nach Peru als Berater in einer Kupfer- und Silbermine, welche er später übernahm. In der Befreiungsarmee von Simon Bolivar kämpfte er gegen Spanien und entwickelte für die Rebellen ein neues Geschütz. Jedoch die Spanier gewannen, er musste fliehen und verlor seinen gesamten Besitz. Er floh durch den Dschungel nach Kolumbien und traf dort auf Robert Stephenson, den Sohn jenes erfolgreichen, britischen Eisenbahnbauers George Stephenson, der mit Schienen aus Walzeisen und viel leichteren Maschinen Trevethicks größte Probleme zwischenzeitlich gelöst hatte. Robert Stephenson bezahlte dem alten Bekannten seines Vaters die Überfahrt nach England. Trevithick starb 1833 in

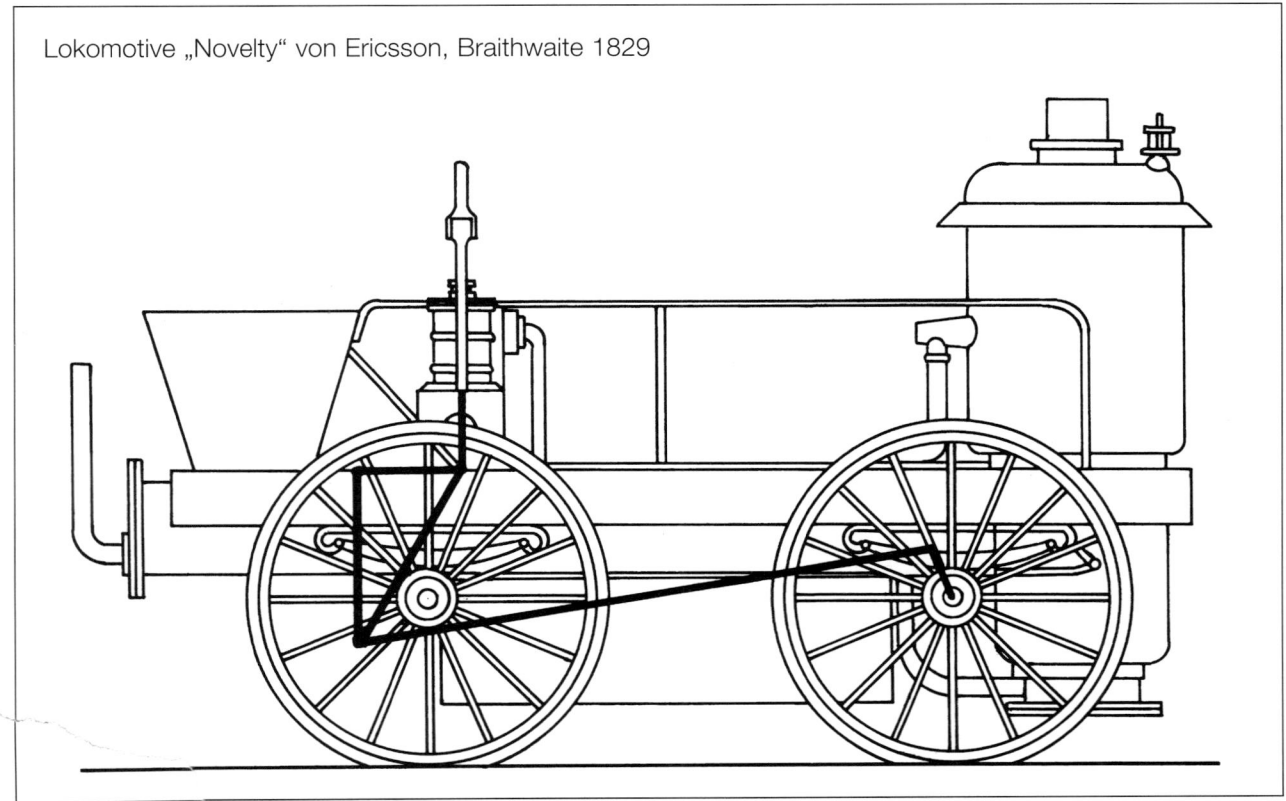

Lokomotive „Novelty" von Ericsson, Braithwaite 1829

Dartford, wo er am Bau einer neuen Dampfmaschine arbeitete. Hätten seine eigenen Mitarbeiter nicht die Beerdigung finanziert, so wäre der verarmte Erfinder der Dampfmaschine in einem Armengrab beigesetzt worden.

Die Stephensons

Natürlich gab es außer den Stephensons andere geniale Erfinder, wie z.B. Murray, Chapman, Blenkinsop, Brunton, Hedley und viele andere. George Stephenson jedoch war einer der genialsten von allen. Er, der aus ärmlichen Verhältnissen stammte und sich durch Selbststudium vom Hütejungen zum Heizer, Maschinenmeister und zuletzt zum Ingenieur hochgearbeitet hatte, war in Killingworth auf einer Kohlegrube tätig. Durch seine genialen Leistungen erwarb er sich das Vertrauen des Hauptbesitzers der Grube, Lord Ravenworth.

Eine bescheidene Lokomotivwerkstatt entstand und George konnte endlich seinen Traum verwirklichen. Am 25. Juli 1814 machte seine erste Lokomotive namens „Mylord" ihre Probefahrt. Die Maschine ähnelte sehr der von Trevithick. Die Räder waren aufgeraut und die Lok hatte keinerlei Federung. Daher machte sie einen Höllenlärm und jegliches

Lokomotive „Sanspareil" von Hackworth, 1829

Etwas Historie

Publikum rannte vor Angst und Schrecken davon. George gab jedoch nicht auf und verbesserte seine Maschine von Mal zu Mal. Bei Inbetriebnahme der Stockton-Darlington-Strecke stellte er seine „Locomotion" vor. Wiederum ein noch sehr schwerfälliges Gerät. Allerdings schon mit Kuppelstangen versehen, und der Dampf wurde in den Schornstein geleitet. Dies hatte zur Folge, dass sich eine große Hitze entwickelte und der Schornstein bei rasanter Fahr in Rotglut geriet, ohne dass jedoch die Dampferzeugung gestiegen wäre.

Im Jahre 1823 gründete Stephenson mit seinem Sohn Robert in Newcastle eine Lokomotivfabrik. Seine erste Maschine, die er baute, war die „Royal George". Bei dieser Lok zog der Zylinderdampf nicht nur aus ein oder zwei Öffnungen in den Schornstein, sondern auch aus einer mittleren kegelförmigen Düse. Hiermit war das Blasrohr erfunden. Erwähnen solle man auch, dass die Stephensons erstmalig schmiedeeiserne Reifen auf die gusseisernen Räder aufzogen.

Manchester und Liverpool beabsichtigten eine Eisenbahn zwischen beiden Städten zu bauen. Diese großen Industriestädte wollten expandieren, und nur mit Pferdewagen und Schiffen war das nicht zu machen. Liverpool brauchte Kohle aus Manchester und Manchester eine Verbindung zum Hafen von Liverpool, um Erzeugnisse in viele Länder zu exportieren.

Der Bahnbau lag also vorrangig im Interesse beider Städte. Die Direktion der Bahn wollte lieber einen Betrieb mit Pferden und Seilen, weil alle bisher gebauten Loks immer noch sehr anfällig waren und nach Meinung der Direktion den Betrieb nur stören würden. Stephenson hatte aber eine sehr gute Verbindung zu dem leitenden Ingenieur namens Booth. Beiden zusammen gelang es die Direktion zu überzeugen, doch Lokomotiven einzusetzen, jedoch mit einer Bedingung:

Es sollte für die beste Maschine ein Preisausschreiben veranstaltet werden. Der Gewinner sollte 500,- Pfund erhalten, zur damaligen Zeit ein Vermögen! Am 1. Oktober 1829 sollten die Loks abgeliefert werden und durften pro Stück nicht über 500,- Pfund kosten. Erprobung der Loks: 6 Tage nach Anlieferung auf dem Streckenabschnitt bei Rainhill. Bedingung: Die Maschinen mussten reibungslos arbeiten. Mindestanforderungen: Gewicht höchstens 6 Tonnen, Mindestgeschwindigkeit 16 km/h mit einer Last von 20 Tonnen. Der Dampfdruck durfte 3,5 at nicht übersteigen. Die Kessel mussten 2 Überdruckventile haben und mit 10,5 at abgedrückt worden sein.

Die Strecke in Rainhill war 3,22 km lang und musste von jeder Lok 20mal durchfahren werden. Der Besitzer, dessen Lok diese Anforderungen erfüllte, sollte die 500,- Pfund erhalten. Die Stephensons waren hier ganz klar im Vorteil, da sie die ganze Sache ja mit inszeniert hatten. Jetzt hatte Stephenson endlich eine Lok gebaut, die mit allen technischen Raffinessen ihrer Zeit versehen war. Da Henry Booth den Röhrenkessel und eine wasserumspülte Feuerbüchse entwickelt hatte, wurden diese Teile auch in die Stephenson-Lok eingebaut. Dieser Röhrenkessel mit 25 kupfernen Heizrohren konnte eine wesentlich höhere Dampfentwicklung erzeugen. Die Feuerbüchse mit Rost war vom Kessel getrennt und hinten angebracht. Die Kolben trieben die Treibräder über Kurbelstangen und Exzenter direkt an. Die Zylinder waren 35 Grad geneigt am Langkessel befestigt, um der Federung Platz zu machen. Der Abdampf wurde durch ein Blasrohr in den Schornstein geblasen, was für besseren Durchzug und schnelleren Kreislauf des heißen Gases im Kessel sorgte. Schieberstangen, die über exzentrische Stangen von der Triebachse angetrieben wurden, machten die Maschine sozusagen perfekt. Diese Lokomotive besaß alle Grundelemente einer modernen Maschine, und man konnte mit Recht sagen, dass die Stephensons die eigentliche Urmutter der Lokomotive erbauten, die über alle grundlegenden und funktionellen Mechanismen verfügte, die sich in den nächsten 100 Jahren so gut wie nicht ändern sollten.

Probefahrt

Wann nun die erste Fahrt mit der neuen Lok unternommen wurde, ist historisch nicht genau überliefert. Jedenfalls, als sie das erste Mal unter Feuer stand, bockte und streikte sie und wollte nicht so richtig. Die Stephensons und ihre Mechaniker hatten die Sache nach viel Justierarbeit jedoch im Griff.

Auf der Versuchsstrecke donnerte die Lok dann ab wie der Teufel, und ein Mechaniker rief: „Die geht ja ab wie eine Rakete!" Somit entstand der Name „Rocket"! In aller Eile wurde noch ein Messingschild graviert und an den mit Holz ummantelten Kessel geschraubt.

Etwas Historie

Der 6. Oktober 1829 Rainhill

Durch den großen Rummel dieses Lokomotivspektakels, der durch alle Zeitungen in Großbritannien ging, war es nicht verwunderlich, dass sich an der Strecke bis zu 10.000 Menschen das Großereignis anschauen wollten. Alle Honoratioren, die Geld investiert hatten, und auch die, die noch vorhatten das zu tun, waren anwesend, selbst Parlamentarier.

Vorstellen der Lokomotiven

Das Spektakel begann mit einem Eklat. Ein gewisser Mr. Brandreth, wohl ein Witzbold, war ebenfalls scharf auf die 500,– Pfund Gewinnsumme. Seine „Cycloped" gab aber keinerlei Anzeichen, dass sie irgendwann einmal Dampf entwickeln würde. Die Anwälte der Streckenbetreiber wurden daher misstrauisch und schauten genauer nach. Brandreth hatte tatsächlich im Inneren seines Monstrums ein Pferd in einer rotierenden Trommel mit Zahnradantrieb stehen. Natürlich wurde er sofort aus dem Rennen genommen.

Stephensons „Rocket", 1829

Etwas Historie

Von den fünf angemeldeten Maschinen gingen also nur noch vier an den Start:

- die „Novelty", gebaut von Ericsson
- die „Perseverance", gebaut von Burgstall
- die „Sanspareil", gebaut von Hackworth, und natürlich
- die „Rocket", gebaut von Stephenson.

Timothy Hackworths „Sanspareil" war um etwa 300 kg zu schwer. Nach Beratung der anwesenden Anwälte ließ man sie jedoch trotzdem fahren. Die Lok war jedoch technisch nicht gut genug entwickelt. Das Feuer musste umständlich mit einem Blasebalg entfacht werden, und die viel zu kleinen Zylinder hatten so gut wie keine Wirkung. Nach dem 8. Lauf war dann die Leistung der Lok erschöpft, weil ein Gussfehler am Zylinder den Dampf zurück in den Schornstein entweichen ließ. Also aus der Traum.

Die „Perseverance" hatte beim Transport nach Rainhill Schaden genommen und entsprach auch nicht den Wettbewerbsbedingungen der Jury und schied daher ebenfalls aus.

Der „Novelty" von Ericsson wurden nach der „Rocket" die besten Chancen eingeräumt. Der zweiachsigen Tenderlokomotive mit einer aufrecht stehenden, vom Wasser umgebenen Feuerbüchse und waagerecht liegenden Zylindern wurden beste Werte vorhergesagt. Aber leider zwang ein Maschinenschaden Ericsson zum vorzeitigen Aufgeben am Wettbewerb. Dann kam endlich die Rocket an den Start gerollt.

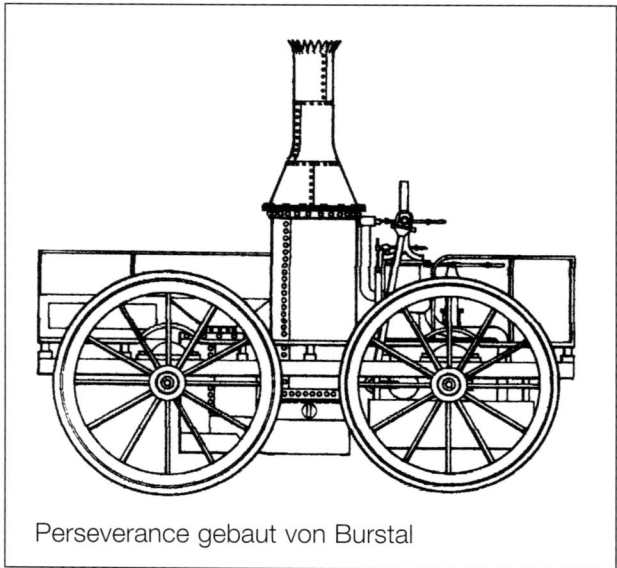
Perseverance gebaut von Burstal

Perfekt meisterte und erfüllte sie alle Kriterien, die an sie gestellt wurden. Ohne einen einzigen Zwischenfall durchlief sie den Probelauf, und Stephenson wurde somit klar zum Sieger erklärt. Zum Vergnügen der Zuschauer kuppelten die Stephensons allen Ballast von der Lok ab und schafften nur mit der Lok auf der Strecke die sagenhafte Geschwindigkeit von 56 km/h, zur damaligen Zeit der Weltrekord. Das ganze Volk jubelte damals über diesen Erfolg, und in ganz Großbritannien machte man Geld locker, und die Entwicklung der Eisenbahn nahm einen rasanten Verlauf, nicht nur in Großbritannien, sondern in ganz Europa.

Wir bedanken uns bei George und Robert Stephenson für die Entwicklung der „Rocket" und somit der Entstehung des sogenannten Urvieches der eigentlichen Dampflok.

Ende der 70er Jahre

Es war kein schöner Novembertag in Düsseldorf. Nieselregen bei 6 Grad, ein ungemütlicher Wind, und ich hatte natürlich keinen Schirm, musste mich also irgendwo unterstellen. Der Zufall wollte es, dass es vor einem Schaufenster mit technischem Spielzeug war. Es wurden die üblichen Dinge präsentiert. Dampfmaschinen von Wilesco, Loks von Märklin, Plastikloks- und Wagen von L.G.B. und sonst so allerlei Kram.

Aber da, in der äußersten Ecke des Schaufensters ein kleines Tableau mit einer Lokomotive namens Rocket in H0 Live Steam stand darunter. Ich dachte: „So eine kleine Lok und dann Echtdampf. Das kann nicht sein, das gibt es gar nicht!" Mein Interesse war geweckt. Hinein in den Laden. Kein Mensch drin, dafür wartete ein gutgelaunter Verkäufer auf mich. Er gab mir die vergoldete Lok in die Hand und erklärte mir sämtliche Details für die Inbetriebnahme:

Zunächst destilliertes Wasser mit einer Spritze einfüllen, Docht unter dem Kessel anzünden, eine Minute warten und schon geht's los mit Echtdampf. Wahnsinn! Ich habe es nicht geglaubt. Trotzdem habe ich die Lok erstanden, und ab nach Hause. Unterwegs noch Spiritus und destilliertes Wasser gekauft und natürlich schneller mit dem Auto gefahren, als die Polizei erlaubt. Dann sofort ab in den

Etwas Historie

Keller. Märklin-Kreis aufgebaut, Wasser und Spiritus eingefüllt, Docht angezündet und warten. Dann endlich ein Spucken und Fauchen aus den Zylindern, ein kleiner Schubs mit dem Schraubendreher, und ab ging die Post. Ich war völlig fasziniert. Das Ding lief. Es drehte seine Kreise und in einem Affenzahn. Aber leider! Nach 2 Minuten war Schluss. Nach dem Abkühlen nahm ich die Rocket einmal unter die Lupe. Ich war total begeistert von der Präzision der kleinen Maschine. Dieser Zahnarzt, Dr. Müller aus der Schweiz, hatte meines Erachtens etwas Einmaliges geschaffen. Wochen und Monate vergingen. Die Rocket stand im Regal und lachte mich an. Erst jetzt fing ich an, mich für die Technik zu interessieren.

So, nun, ihr Modellbauer, geht es los mit meiner „Rocket". Wie ihr sicher alle wisst, gab es niemals eine Lok mit „Oszis", also mit oszillierenden Zylindern. Versuche wurden gemacht, konnten aber niemals verwirklicht werden. Meine Inspiration für den Bau der Rocket, Spur I, erhielt ich vom Zahnarzt Dr. Müller, der diese Maschine einmal in H0 gebaut hat. Für mich ist diese Lokomotive ein Spielzeug, mehr nicht. Ich hoffe, ihr habt alle viel Freude und Spaß beim Bauen, genau wie ich es hatte, und ich wünsche euch viel Erfolg!

Oszillierendes System? Keine Ahnung! Also Fachbücher gekauft, vorzugsweise die DAMPF-Reihe vom Neckar-Verlag und dann – gelesen, gelesen, gelesen! Anschließend war ich völlig infiziert und fasziniert vom oszillierenden System, weil es das Einfachste ist, um eine Drehbewegung einzuleiten. Also, warum nicht selbst eine Rocket bauen für die Spur I, eben nach dem Vorbild der Mini-Rocket in H0 von Dr. Müller? Und los ging's:

Bauanleitung
(alle Maße in mm)

Teil 11: Grundrahmen

Der Grundrahmen besteht aus einem Messingblech mit den Maßen 112x37x2. Dieses Teil ist relativ einfach zu fertigen.

Teil 10: Seitenrahmen rechts und links

Die Seitenrahmen mit den Maßen 90x40x2 sind auch aus Messingblech gefertigt. Schwierigkeiten wird es auch bei diesen beiden Blechen kaum geben.

Teil 14 und 15: Rahmenhalter

Die beiden Rahmenhalter bestehen aus Messing-Winkel-Profil mit den Maßen 10x10x1 und sind 90 mm lang. Das Messing-Profil ist in einem guten Baumarkt problemlos zu bekommen.

Teil 12 und 13: Lager vorne und hinten

Die Lager sind aus Messing, Sechskant 14 gefertigt. Beide sind 40 mm lang, aber unterschiedlich gefräst. Die Fertigung erfolgt nach Zeichnung. Lagerlöcher reiben 6 H7.

Untergruppe U 2 und U 3: Brenner

Der Brenner besteht aus 8 Teilen: Kupferrohr 10x1 und 50 mm lang. Kupfer, oder Messingscheibe 12x1, Messingmutter M8, O-Ring innen Ø 8 oder Kupferdichtscheibe für 8 mm, Messingschraube M 8x6, Kupferrohr Durchmesser 3, 60 mm lang. Keramikschnur vorzugsweise 8 mm im Durchmesser. Diese Keramikschnur gibt es im Baumarkt, Kaminecke, und nennt sich: Dichtschnur für Kaminöfen. Der Vorteil liegt auf der Hand: Die Keramikschnur kann nicht verbrennen, saugt sich gut voll und gibt den Spiritus kontrolliert an unsere Flamme ab.

Die 8 Schlitze im Kupferrohr des Brenners sind etwa 1 mm breit und werden bis zur Hälfte des Rohres eingesägt. Alle Teile unbedingt nur hart löten. Messingmutter genau mittig (Ø 3 mm) bohren und Kupferrohr einlöten. Den Brennerhalter (Messingblech 30x8x1,5) genau ausrichten (Schlitze nach oben) und hart löten.

Untergruppe U 1: Kessel mit Spiegelhalter und Frontblech

Stück	Benennung	Teil
1	Nippel f. Sicherheitsventil	7
1	Nippel f. Dampfverteilung	6
1	Einfüllnippel	5
1	Kaminhalter	4
1	Kessel	3
1	Frontblech	2
1	Spiegelhalter	1

Der Kessel besteht aus Kupferrohr, Durchmesser 35x1,5 und 75 mm lang. Ablängen, genau auf Maß planen und entgraten. Die drei Grundbuchsen sind aus Messing gedreht. Reduziernippel gibt es fertig im Pneumatik-Handel. Diese Arbeit kann man sich sparen. Benötigt wird ein Nippel von 1/4″ auf 1/8″ und zwei Nippel von 1/8″ auf M5. Natürlich alles aus Messing. Die Schlüsselflächen kann man rund drehen. Entsprechend dem Außendurchmesser sind dann in den Kessel die Löcher zu bohren. Ein Nippel 1/8″ auf M5 wird aufgebohrt und dann mit M6 x 0,75 Feingewinde versehen. Später wird hier das Sicherheitsventil von Wilesco eingeschraubt. Alle Teile nach der Fertigstellung gut entfetten, in den Kessel einführen, eventuell ausrichten und dann hartlöten.

Teil 1: Spiegelhalter

Der Spiegelhalter ist aus Messing und hat die Maße 40x40x6. Fräsen und Bohren nach Zeichnung. Bitte auf Rechtwinkeligkeit achten.

Teil 2: Frontblech

Das Frontblech besteht aus Messingblech. Maße: 40x69,5x1,5. Das Fertigen dürfte kein großes Problem darstellen.

Teil 4: Kaminhalter

Der Kaminhalter ist ein einfaches Rohr aus Messing oder Kupfer. Durchmesser 15 und 15 mm lang. Zusammenlöten von Kessel, Spiegelhalter, Frontblech und Kaminhalter. Jetzt ist Präzision gefordert! Eine geeignete Unterlage zum Löten sind Schamottsteine (Baumarkt). Zuerst löten wir den Spiegelhalter an den Kessel. Achtung: den M5 Anschluss im Kessel zum Spiegelhalter ausrichten. Kessel und Spiegelhalter gleichmäßig erwärmen. Hartlotmaterial sparsam verwenden, abkühlen lassen. Frontblech ebenfalls mittig ausrichten und anlöten. Zum Schluss Kaminhalter nach Zeichnung anlöten. Bitte unbedingt darauf achten, dass alle Teile rechtwinkelig ausgerichtet sind.

Teil 19: Dampfverteiler

Der Dampfverteiler wird aus 10x10 Vierkantmessing gefertigt (20 mm lang). Die Löcher werden nach Zeichnung gebohrt. Ein Tipp: Die Querbohrung, in die später die 3-mm-Kupferrohre eingelötet werden, erst mit einem 2,8-mm-Bohrer aufbohren. Anschließend auf 3 mm fertig bohren, aber nur 5 mm tief. Damit vermeidet man, dass das Kupferrohr in die 5-mm-Bohrung hineinragt.

Untergruppe U5: Hohlschraube

Es gibt zwar fertige Hohlschrauben, aber man kann sie auch selbst herstellen. Hutmutter M5 und Gewindestange M5 aus Messing besorgen. Gewindestange in die Mutter fest einschrauben, eventuell mit Loctite sichern, dann absägen. Das Gewinde muss 15 mm lang sein. Querbohrung 2 mm. Längsbohrung 2,3 mm. Natürlich alles genau mittig nach Zeichnung bohren.

Hinweis: Wie wird die Querbohrung schön mittig?

Es hört sich alles einfach an, aber wie gehe ich vor? In den Dampfverteiler mittig das 5-mm-Loch bohren. Dann Hohlschraube mit Kupferdichtung durchschieben und von der anderen Seite mit Mutter festziehen. Die Querbohrung, an die später die Kupferrohre angelötet werden, mit einem 2-mm-Bohrer mittig vollständig durchbohren. Jetzt die Hohlschraube wieder auseinander schrauben. Wenn man genau gearbeitet hat, ist die Querbohrung mittig. Die Längsbohrung am besten auf der Drehbank bohren. Hutmutter spannen, ausrichten (auf Rundlauf achten) und zentrieren, dann mit einem 2,3-mm-Bohrer bis zur Querbohrung aufbohren. Als Letztes im Bereich der Querbohrung das Gewinde etwa 4 mm breit abdrehen. So kann sich später der Dampf besser nach links und rechts verteilen.

Teil 42 und 43: Kamin

Der Kamin ist aus Kupferrohr (Ø 15 mm) angefertigt. Natürlich kann man auch Messingrohr nehmen. Die Länge beträgt 110 mm. Die Löcher werden nach Zeichnung gebohrt. Das Einsägen der oberen Schlitze bringt auch keine Probleme. Die eingesägten Teile mit der Zange auseinander biegen. Hauptsache, das Ganze wird gleichmäßig. Zum Schluss lötet man noch den Rohrwinkel an. Löcher für Abdampfleitungen und Spanndraht (Teil 51) nicht vergessen.

Teil 16 und 17: Spiegel

Die beiden Spiegel sind aus Flachmessing (20x 5 mm, 65 mm lang) hergestellt. Alles nach Zeichnung bohren. Die Dampftüren (Bohrung 2 mm) werden erst später im Zusammenbau mit einer Bohrlehre gebohrt. Die 45-Grad-Senkung so tief senken, dass der Kopf der Senkschraube nicht vorsteht. Senkschrauben benutzen wir, weil die Spiegel damit immer gleich justiert werden können.

Teil 18: Zylinder

Die Zylinder sind aus Rundmessing (Ø 20 mm und 65 mm lang) angefertigt. Drehen und Fräsen nach Zeichnung. Beim Abfräsen der Gleitfläche darauf achten, dass die Bohrung 5 mm in der Mitte des Zylinders in einer Aufspannung gefertigt wird. Ideal wäre es mit einem Zweischneider, weil die Bohrung im Grunde dann gerade ist. Ebenfalls sollte man auch das Gewinde M6 mm in dieser Aufspannung schneiden. Ratsam ist es, die Spitze vom Gewindebohrer abzuschleifen, um das Gewinde so tief wie möglich zu schneiden. Die Bohrung für den Kolben beträgt 7 h7. Vorbohren mit 6,8 mm.

Bauanleitung

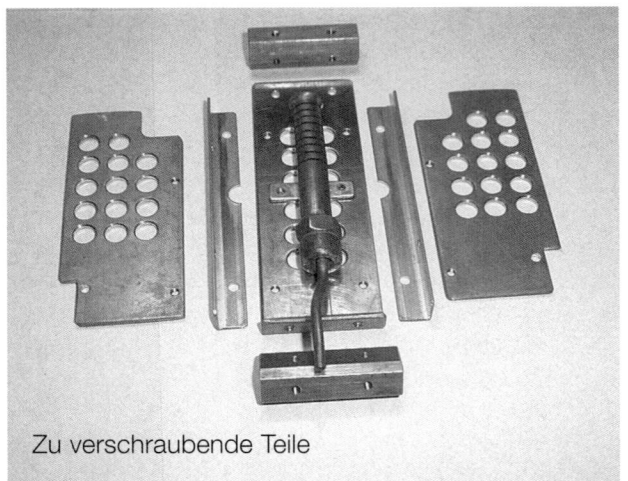

Zu verschraubende Teile

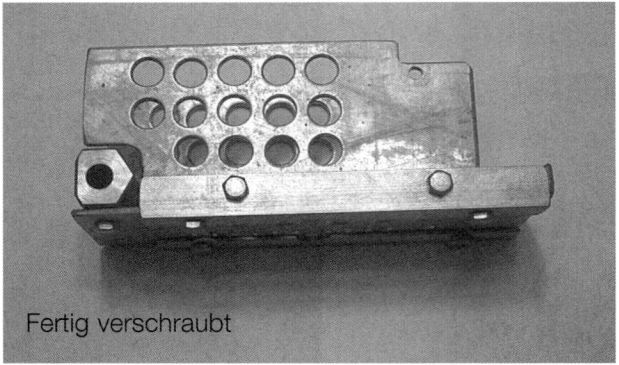

Fertig verschraubt

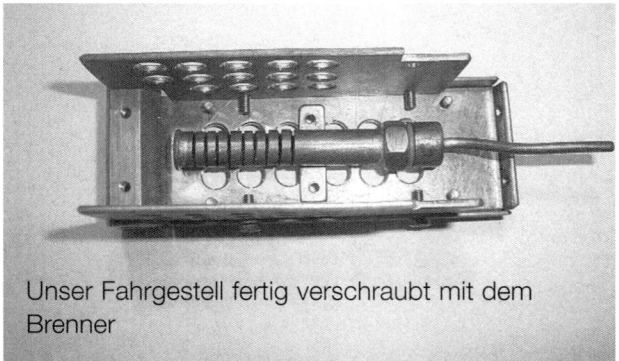

Unser Fahrgestell fertig verschraubt mit dem Brenner

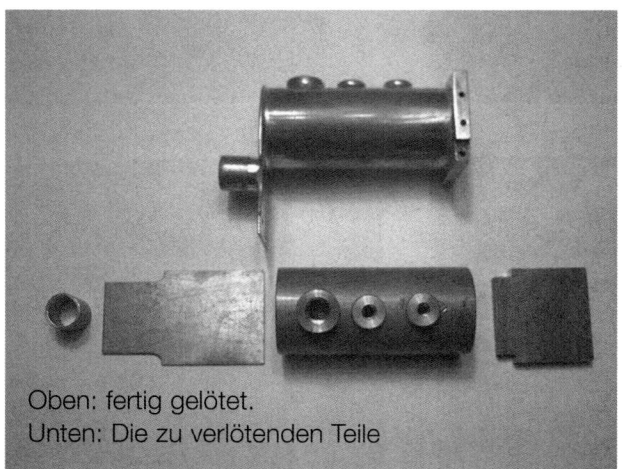

Oben: fertig gelötet.
Unten: Die zu verlötenden Teile

Das wird zuerst an den Kessel gelötet

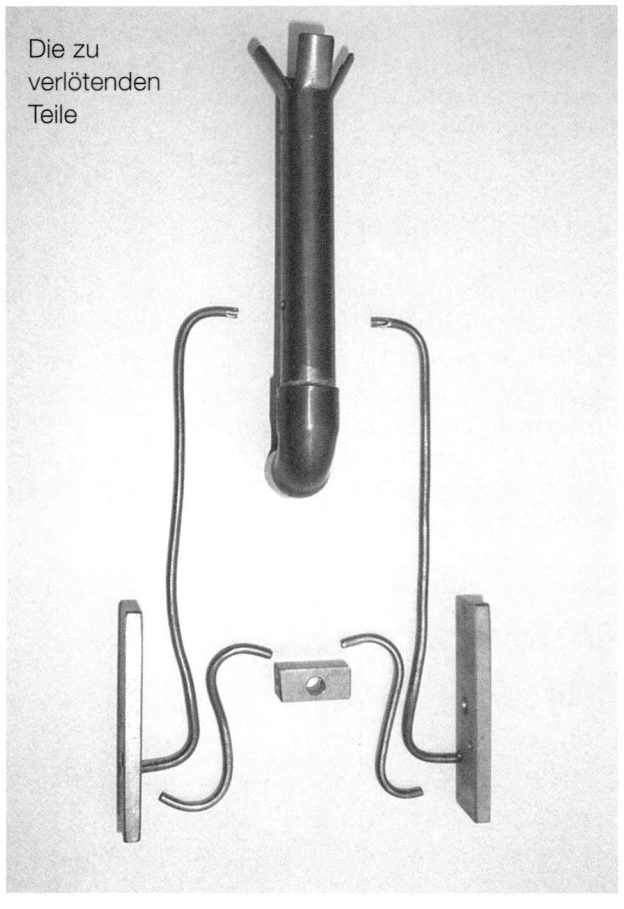

Die zu verlötenden Teile

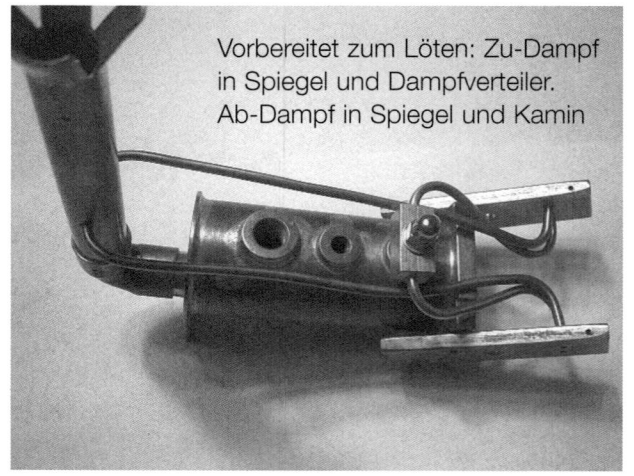

Vorbereitet zum Löten: Zu-Dampf in Spiegel und Dampfverteiler. Ab-Dampf in Spiegel und Kamin

Bauanleitung

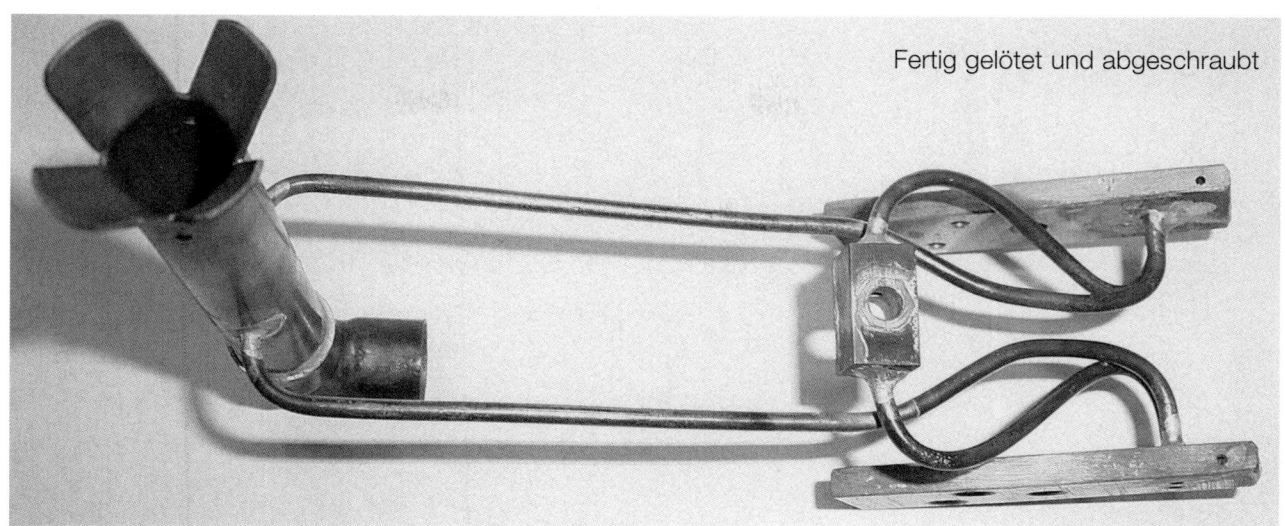

Fertig gelötet und abgeschraubt

Oberer Totpunkt 2 mm Loch in Spiegel bohren

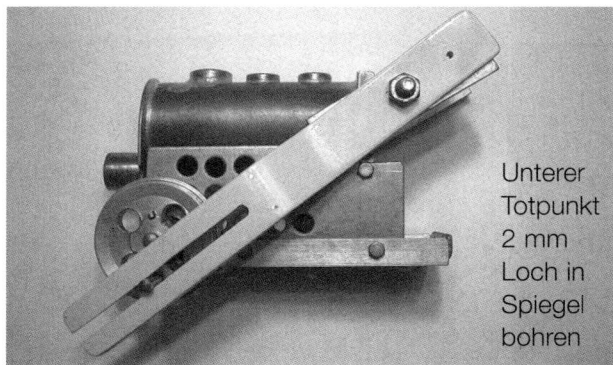

Unterer Totpunkt 2 mm Loch in Spiegel bohren

Alles fertig montiert und los geht's zum Probelauf

Bauanleitung

Ausführung für den Prüfstand mit Abstandsbolzen

Um eine sehr gute Passung und saubere Oberfläche zu bekommen, muss man mit einer Maschinenreibahle 7 h7 aufreiben. Ideal ist, wenn die Bohrung mit Bohr-Emulsion gefüllt wird. Schön langsam und vorsichtig reiben. Am besten in 10-mm-Schritten, dann die Flüssigkeit mit Spänen ausschütten, wieder füllen und so weiter. Auch wenn dieser Vorgang viel Zeit kostet, der Aufwand lohnt sich, denn von dieser Passung hängt die spätere Qualität unserer Maschine ab.

Der Kolben (Teil 39) besteht aus Silberstahl 115 CRV 3, Durchmesser 7 mm. Messing und Silberstahl harmonieren hervorragend miteinander.

Wenn die Bohrung im Zylinder fertig ist, kommt die Prüfung. Jetzt wird's spannend: Kolben leicht einölen, einführen und… Fällt er sofort in die Bohrung, Kolben ab in die Schrottkiste und neu fertigen. Gut gearbeitet hat man, wenn der Kolben ganz langsam nach unten gleitet. Ziehen wir den Kolben sehr schnell heraus, muss es hörbar plopp machen! Wie geht es jetzt weiter?

Genau, Schwingbolzen (Teil 37) M6x26 eindrehen, kompletten Zylinder auf die Bohrlehre schrauben, einfügen und die Dampftür, Durchmesser 2 mm, bitte genau mittig, bohren und ausrichten. Schwingbolzen wieder herausdrehen. Die Gleitfläche vom Zylinder muss man jetzt absolut plan schleifen. Sinnvollerweise nehmen wir eine Glasplatte oder geschliffenen Marmor als Unterlage. Feines Schmirgelpapier (600-1000) auflegen und auf geht's. Immer schön hin und her, bis die Gleitfläche absolut glatt ist. Dann ausblasen und waschen. Schwingbolzen wieder eindrehen, eventuell mit Loctite sichern. Fertig!

Teil 40 und 41: Räder

Die Messingräder sind vorne im Durchmesser 45 mm und 7 mm dick. Hinten 37 mm im Durchmesser und ebenfalls 7 mm dick. Das Profil wird nach Zeichnung gedreht. Das Achsenloch ist 6 h7 und wird mit einer Maschinenreibahle gefertigt. Das Kurbelloch ist 4 H7 und wird mit einer Handreibahle so aufgerieben, dass der Zylinderstift, 4 mm Durchmesser und 24 mm lang, als Presspassung gefertigt wird. Der Zylinderstift muss fest sitzen. Gegebenenfalls mit Loctite sichern.

Teil 38: Achsen

Die Achsen bestehen aus Zylinderstiften mit einem Durchmesser von 6 mm und sind 60 mm lang. Die Querbohrung M3 zum Klemmen auf unsere Achsen ist etwas schwierig zu erstellen. Eventuell muss man sich eine Hilfsvorrichtung bauen.

Teil 55: Bohrlehre

Die Bohrlehre besteht aus Stahlblech, 3 mm dick, 20 mm breit und ist 175 mm lang.

Dampftüren in den Spiegel bohren

Jetzt bauen wir unsere Maschine zusammen. Grundrahmen, Rahmenhalter, Seitenrahmen links und rechts, alles miteinander verschrauben. Zum Spiegel-Bohren benötigen wir auch das Lager vorne. Also einschrauben. Dann Spiegel an den Spiegelhalter vom Kessel schrauben, Kessel anschrauben. Ein Rad mit Kurbel und festgezogener Achse in das Lager einführen. Bohrlehre lose anschrauben.

Wenn man jetzt am Treibrad dreht, kann man schon sehr schön sehen, wie sich später einmal oben am Spiegel der Schwingzylinder auf und ab bewegt. Jetzt den oberen Totpunkt suchen. Das heißt, Bohrlehre in die äußerste Stellung bringen. Lehre festschrauben und das 2-mm-Loch durch den Spiegel bohren. Dann unteren Totpunkt einstellen und genauso bohren. Auf der anderen Seite erfolgt dann dieselbe Prozedur. Dann werden die Spiegel abgeschraubt. Die Dampftüren werden auf der gegenüberliegenden Seite, von der wir hineingebohrt haben, auf 3 mm und 2,5 mm tief aufgebohrt. Hier kommen später die 3-mm-Kupferleitungen hinein und werden verlötet. Beim Bohren jedoch Vorsicht! Der Bohrer zieht sich sehr schnell in das spröde Material. Also Schraubstock fest spannen und Tiefenanschlag benutzen. Bitte nur 2,5 mm tief bohren.

Teil 44 — 46: Zu- und Abdampfleitungen biegen und löten

Unsere Maschine bauen wir jetzt wieder zusammen mit Kamin und Dampfverteiler, aber ohne Lager und Räder. Wir verbinden nun die unteren Dampftüren vom Spiegel mit dem Dampfverteiler auf dem Kessel mit 3-mm-Kupferrohr. Die oberen Dampftüren im Spiegel werden zum Kamin geleitet, natürlich auch mit 3-mm-Kupferrohr. Das sind die Abdampfleitungen. Der Radius beträgt 6,5 mm. Man kann sich 4 mm dicke Scheiben aus Kunststoff drehen, die einen Durchmesser von 13 mm haben, und dann mittig ein Loch von 5 mm bohren. Wenn man sich Lochblech mit 5-mm-Löchern besorgt, kann man hervorragend eine Biegellehre bauen, weil man diese Scheiben sehr flexibel einsetzen kann. Beim Biegen wird das Kupferrohr im Bogen etwas oval, aber nur 0,2 mm. Das nehmen wir mal so hin. Die Abdampfleitungen im Kamin sind auf einer Länge von 3 mm schräg angefeilt. Der Abdampf hat so weniger Widerstand und strömt besser aus dem Kamin. Wer ein Profi-Rohrbiegegerät bauen möchte, wird für die Herstellung fündig in der Ausgabe DAMPF 33/34 (Neckar-Verlag). Ab Seite 209 sehen wir, dass Karl-Ernst Jenczok ein sehr gutes Rohrbiegegerät gebaut hat.

Bitte darauf achten, dass die gebogenen Kupferrohre schön stramm in den Spiegel passen. Unser Silberlot soll nämlich nicht das ganze Loch ausfüllen, sondern nur das Rohr mit dem Spiegel verbinden. Nach dem Hartlöten die 4 Schrauben aus den Spiegeln herausdrehen, anschließend noch die Hohlschraube vom Dampfverteiler, und schon haben wir unser komplettes Dampfleitersystem mit Spiegeln und Kamin in den Händen. Es zeigt sich leider oft, dass sich die Spiegelflächen beim Löten etwas verziehen. Daher kommt jetzt wieder die Marmor- oder Glasplatte zum Einsatz. Mit feinem Schmirgel die Spiegelflächen, unter etwas Druck, hin und her reiben, bis die Fläche wieder schön glatt und eben ist. Die Gleitflächen müssen exakt mit den Zylinderflächen harmonieren. Ein Tipp noch: Zylinder mit „rechts" und „links" markieren. Dann mit Feder und Schraube am Spiegel befestigen und mit Einschleifpaste hin und her reiben, bis beide Seiten völlig plan aufliegen. Einschleifpaste kann auch ein feines Scheuermittel aus dem Haushaltsbereich ersetzen. Ja, so eine Rocket ist ganz schön aufwendig zu bauen, nicht wahr? Anschließend alles bestens reinigen und ausspülen. Hierbei darauf achten, dass am Dampfverteilersystem alle Rohre frei sind und die Luft überall gut durchströmen kann.

Bauanleitung

Hinten: Rocket in Spur IIm (45 mm). Vorn: Rocket in H0

Rocket-Dampflokomotive

Zusammenbau der Rocket

Achslager vorn (Teil 12) und hinten (Teil 13) an den Grundrahmen schrauben. Eventuell Schrauben so kürzen, dass sich die Achsen frei drehen können. Brenner komplett gefüllt mit Keramikschnur verschrauben. Seitenrahmen rechts und links mit Rahmenhalter verbinden. Alles an den Grundrahmen schrauben. Jetzt die komplette Kessel-Aufnahme anbringen. Manchmal muss man die beiden Bohrungen im Frontblech mit einer kleinen Rundfeile dem Achslager vorne anpassen (Langloch). Spiegel mit gesamtem Rohrsystem anbringen. Den Spanndraht habe ich nicht gezeichnet, er besteht aus 1-mm-Nirostadraht. Bei der Dampfverteiler-Hohlschraube nicht die 2 Kupferdichtungen mit 5 mm Innendurchmesser vergessen. Räder vorne montieren. Eventuell müssen die Radabstände mit Beilagescheiben justiert werden. Die Kurbeln müssen jetzt genau auf 180 Grad Winkelversatz eingestellt werden. Danach die 3M-Gewindestifte mit Innensechskant vorsichtig festziehen. Mit den hinteren Rädern genauso verfahren. Zylinder mit Feder und Mutter montieren. Den linken und rechten Zylinder dauerhaft markieren, damit diese später immer wieder auf der richtigen Seite angeschraubt werden können. Die Zylinder schleifen sich nämlich unterschiedlich am Spiegel ein. Jetzt noch die Kolben einsetzen und fertig!

Jetzt kommt die Stunde der Wahrheit!

Glücklich schätzen kann sich Jener, der einen Kompressor hat. Die Rocket so positionieren, dass die Räder vorne frei laufen können. Der Einfüllstutzen hat 1/8″ Gewinde. Hierfür gibt es Anschlüsse für einen Pneumatikschlauch. Alle beweglichen Teile gut ölen, Luft aufdrehen, und los geht es. Wenn wir gut gearbeitet haben, dreht sich alles bei circa einem bar. Die Maschine am besten jetzt stundenlang laufen lassen. Zwischendurch immer mal wieder die Kolben herausnehmen, sauber machen, neu ölen und wieder arbeiten lassen. Wenn die Maschine nicht mehr so gut läuft, Kolben wieder raus, sauber machen und Spiegel-Einschleifpaste auftragen. Diese immer hin und her reiben. Ruhig einige Minuten lang.

Mit normalem Haushaltsscheuermittel geht es übrigens genauso gut. Nach dieser Prozedur bitte alles wieder gut sauber machen, anschließend wieder einölen, und es kann weitergehen mit dem Probelauf. Hat man den Eindruck, dass die Maschine nun lange genug gelaufen ist, kann man sie unter Feuer nehmen.

WICHTIG: Unbedingt das Wilesco-Sicherheitsventil einbauen. Bitte beim Kauf darauf achten, welches Gewinde sich am Ventil befindet. Beim Drehen der Anschlussbuchse bitte darauf achten. Entkalktes Wasser in den Kessel einfüllen. Alle Lagerstellen einölen. Spiritus in den Tank füllen. Regulierventil so einstellen, dass ja nicht zuviel in den Brenner hineinläuft. Das muss man einfach ausprobieren. Die Flamme muss schön gleichmäßig brennen. Nach etwa 6-8 Minuten geht der Spaß los. Die Maschine muss angeworfen werden, das kann sie nicht alleine. Wenn sie allerdings dann einmal läuft, sind 15 Minuten Laufzeit die Regel. Der Tender mit Tank wurde von mir nicht besonders bemessen. Hier kann jeder seiner Phantasie freien Lauf lassen.

Die Rocket benötigt auch keine Schienen. Um sie in voller Pracht zu bestaunen, kann man sich durchaus auch eine Art Prüfstand bauen, auf dem man eine Schiene befestigt.

Zusammenbau der Rocket

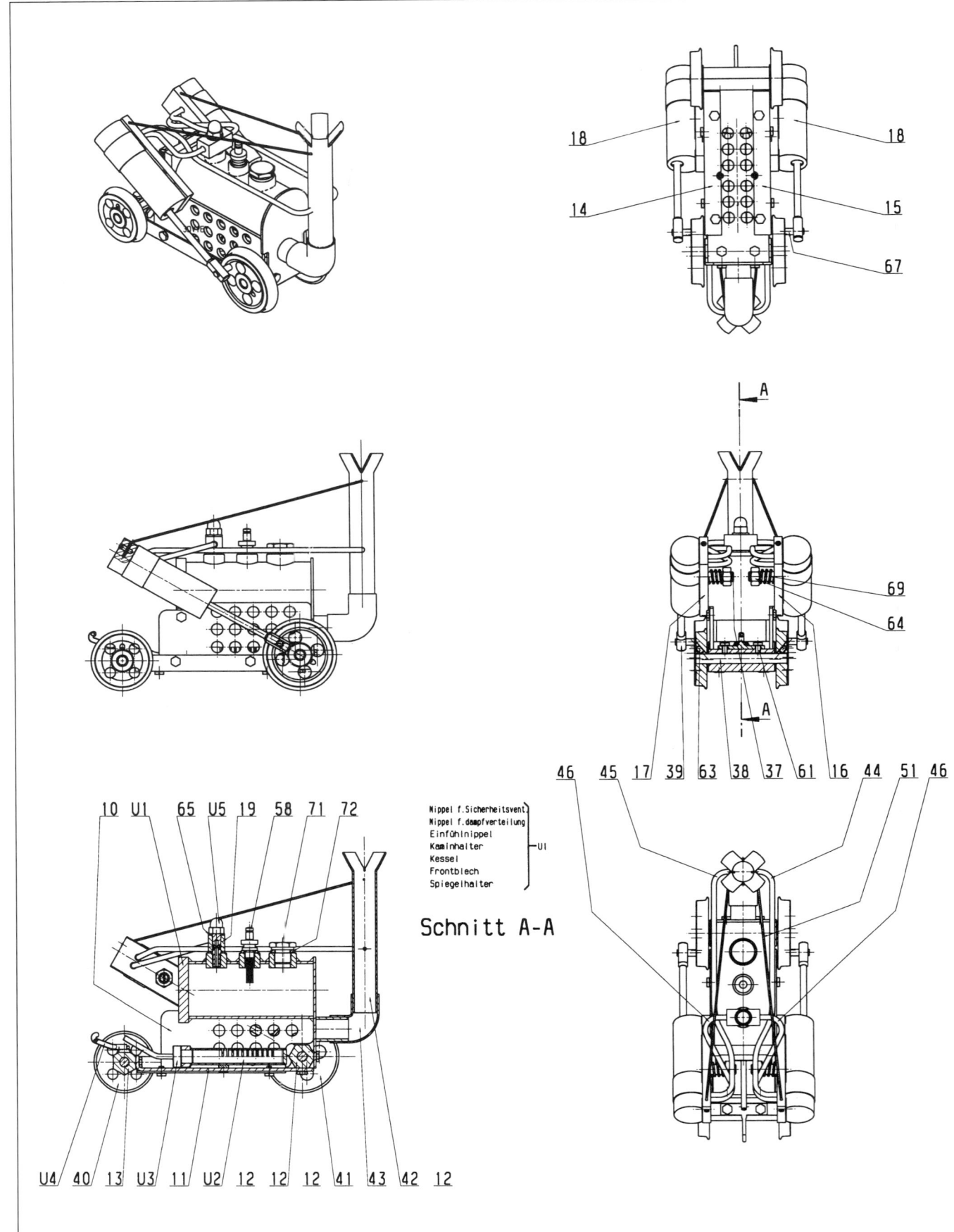

Nippel f.Sicherheitsvent.
Nippel f.dampfverteilung
Einführnippel
Kaminhalter   —U1
Kessel
Frontblech
Spiegelhalter

Schnitt A-A

Zusammenbau der Rocket

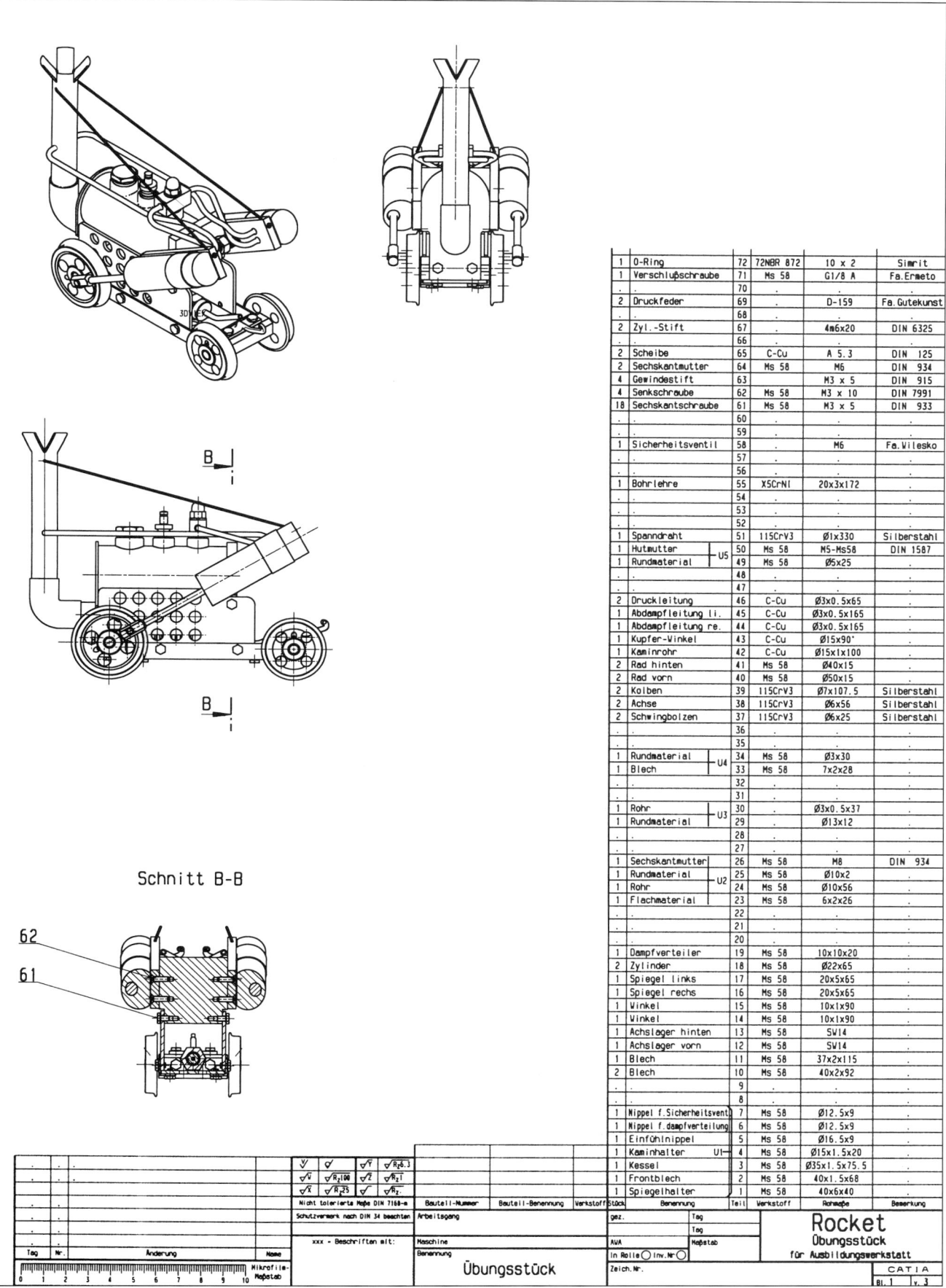

Schnitt B-B

Zusammenbau der Rocket

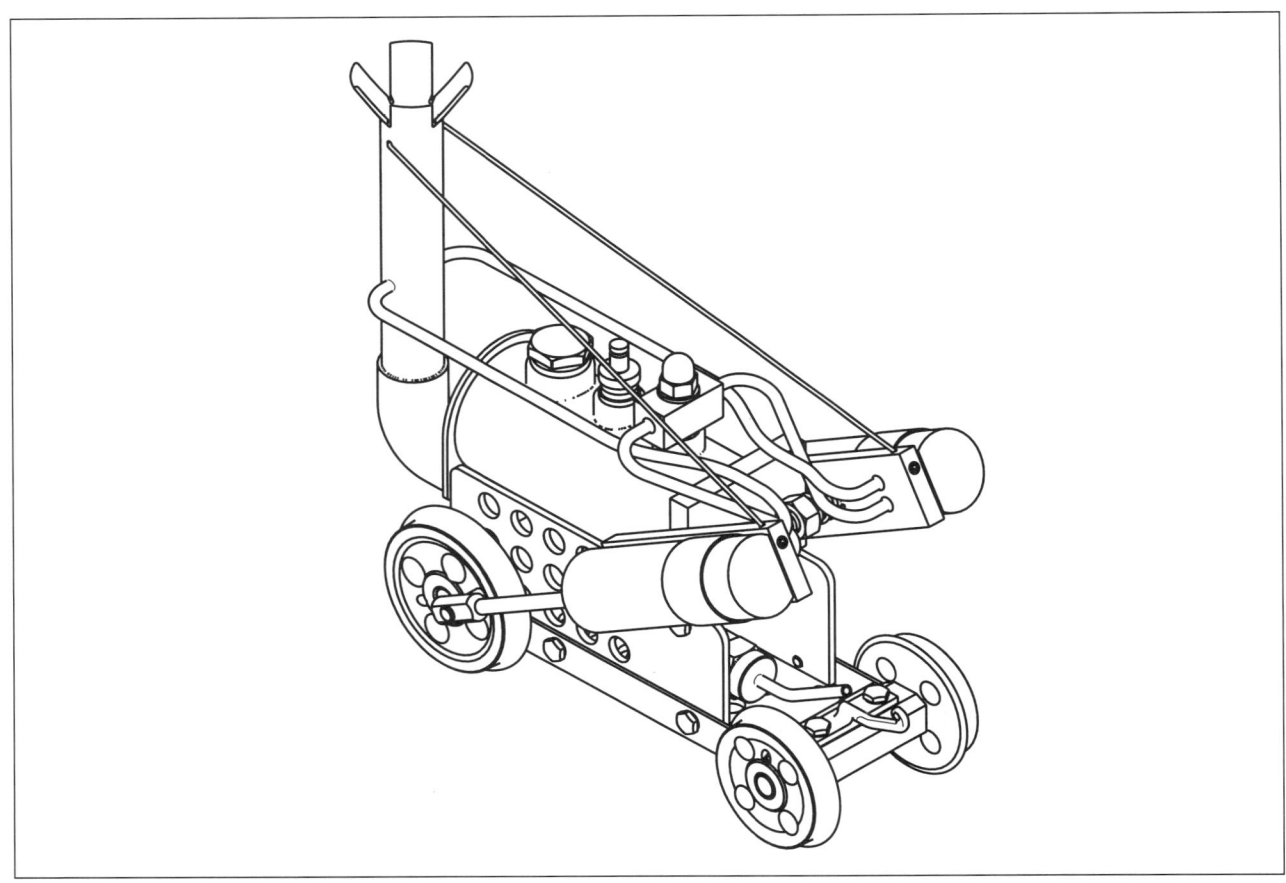

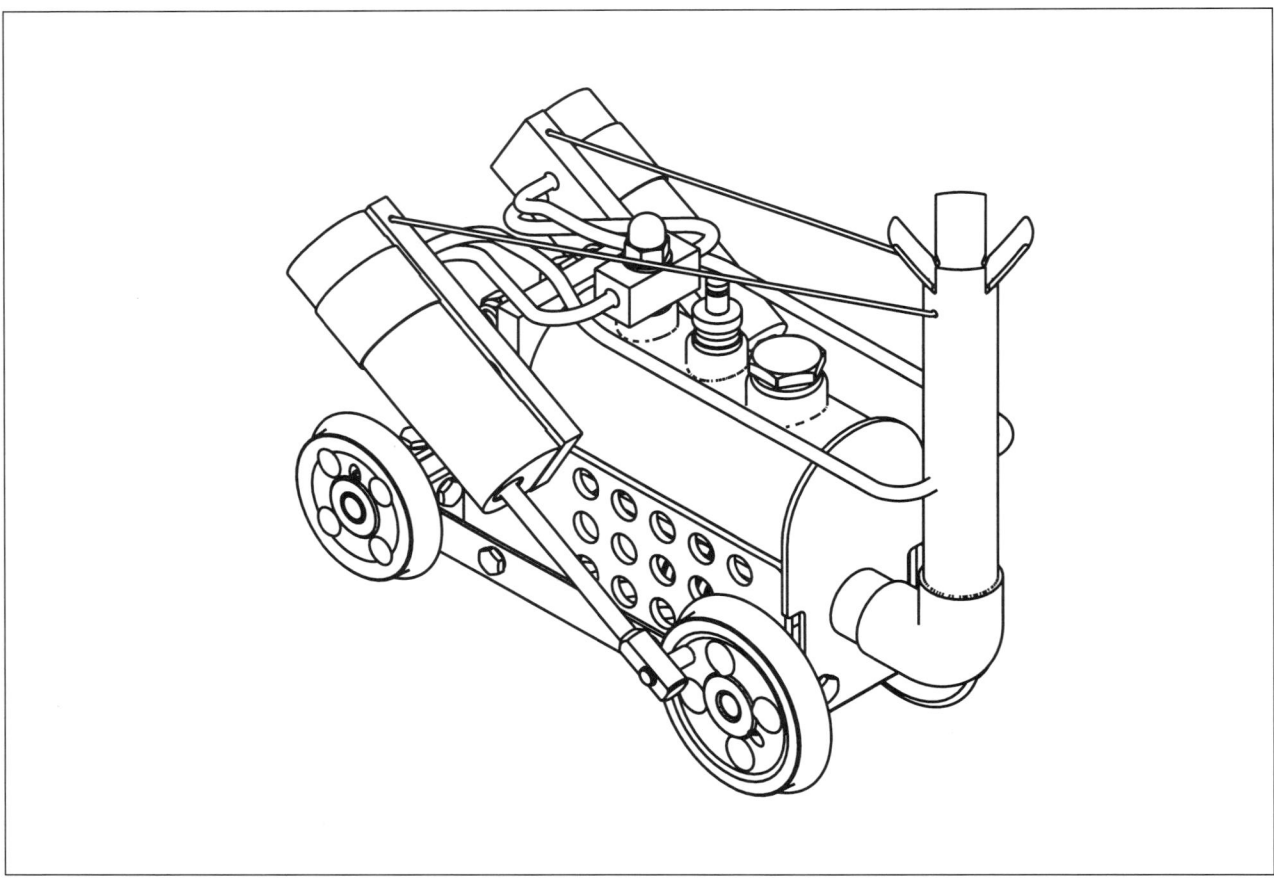

Zusammenbau der Rocket

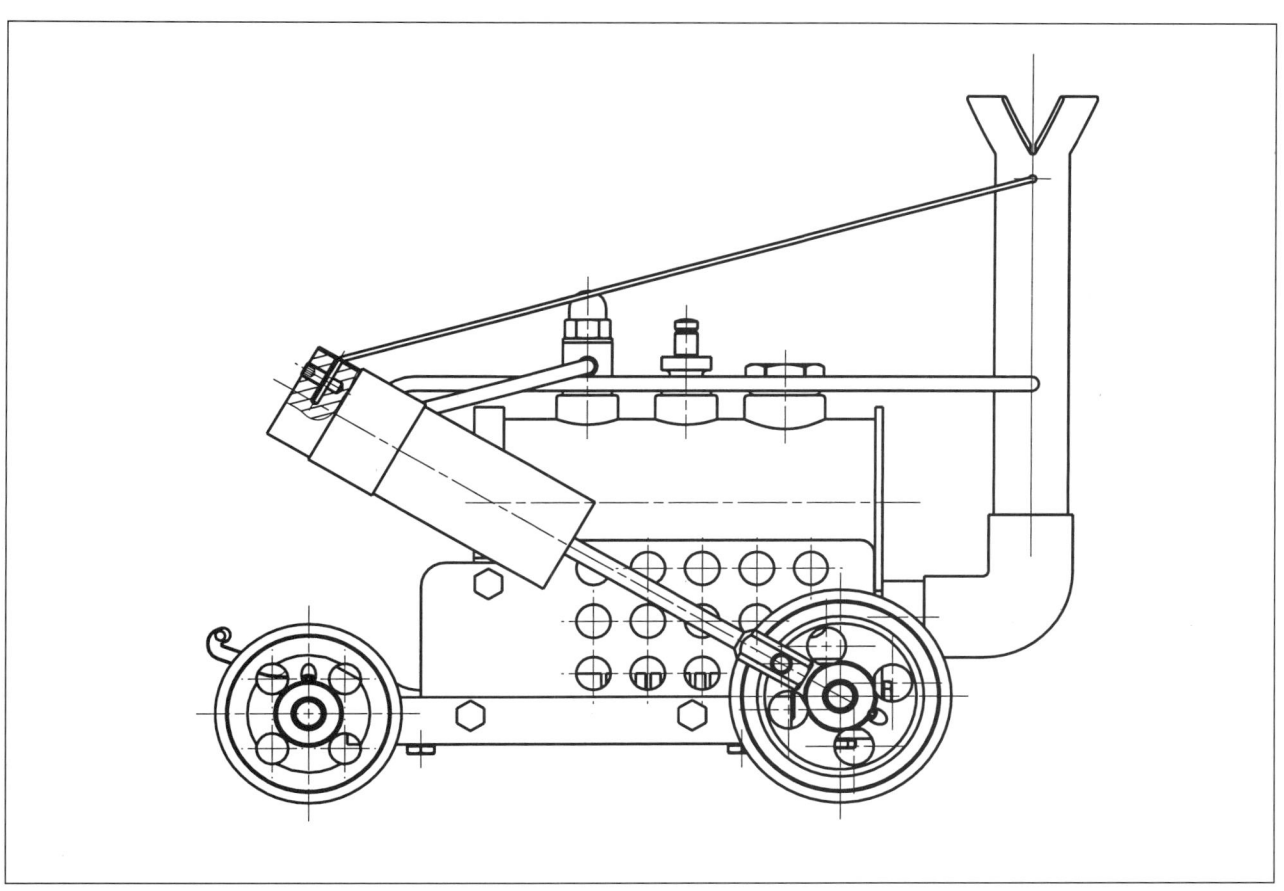

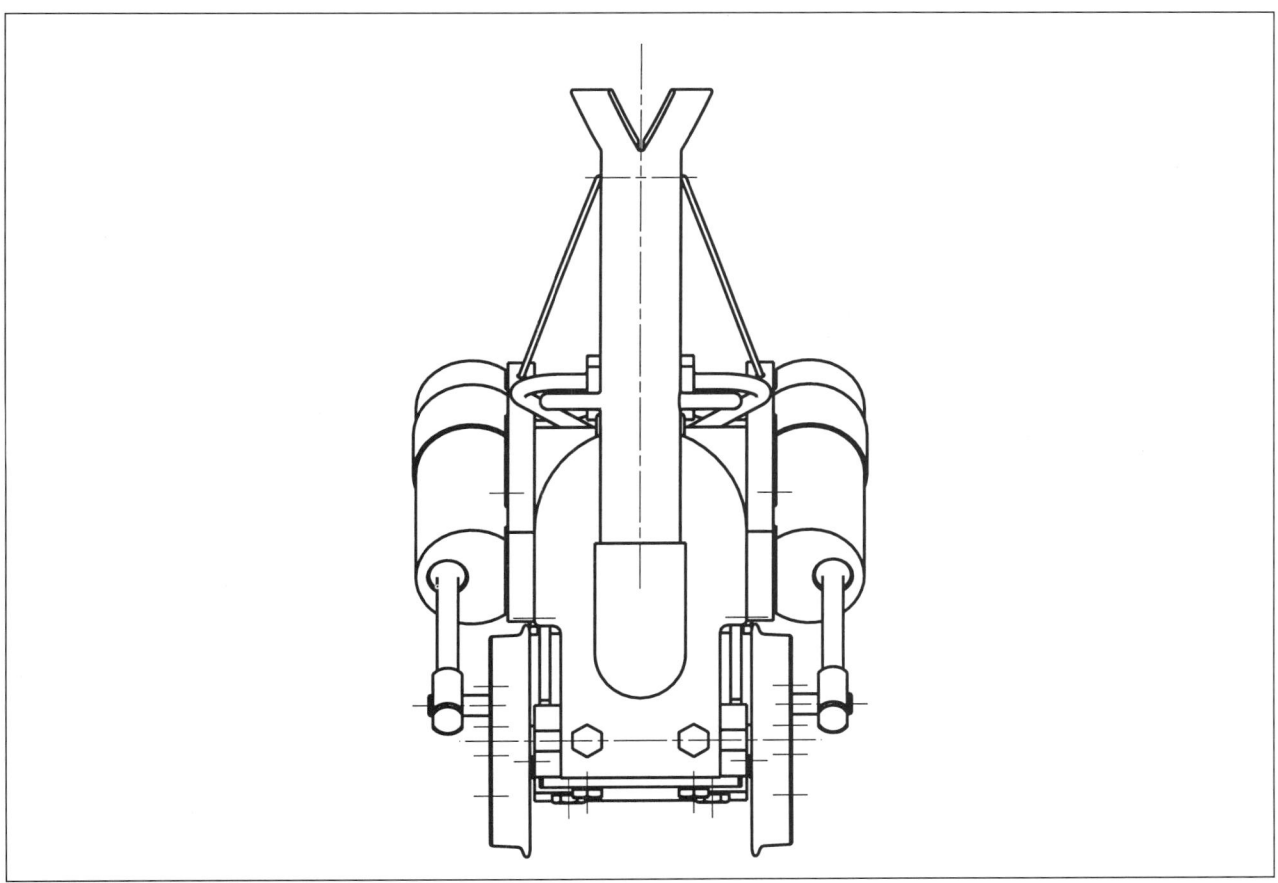

Zusammenbau der Rocket

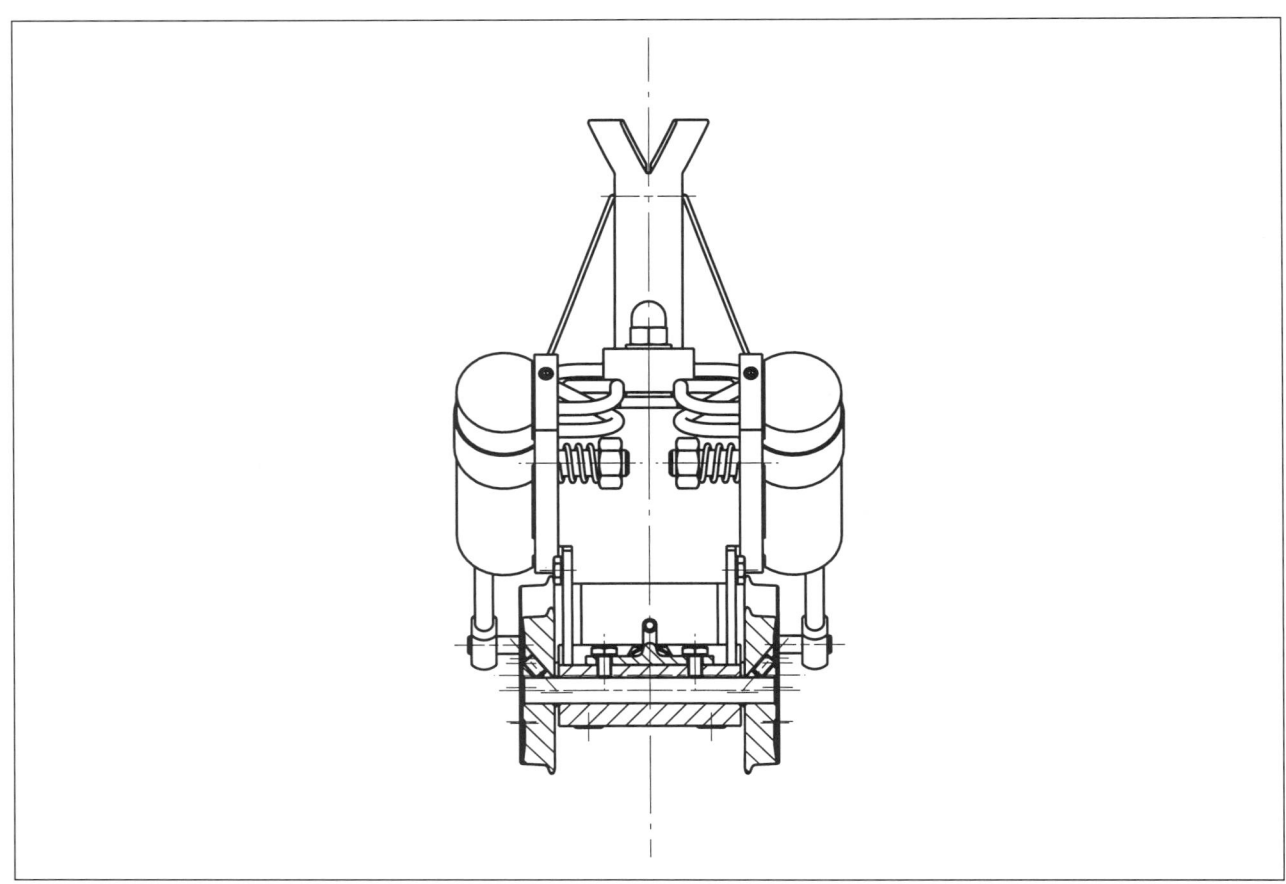

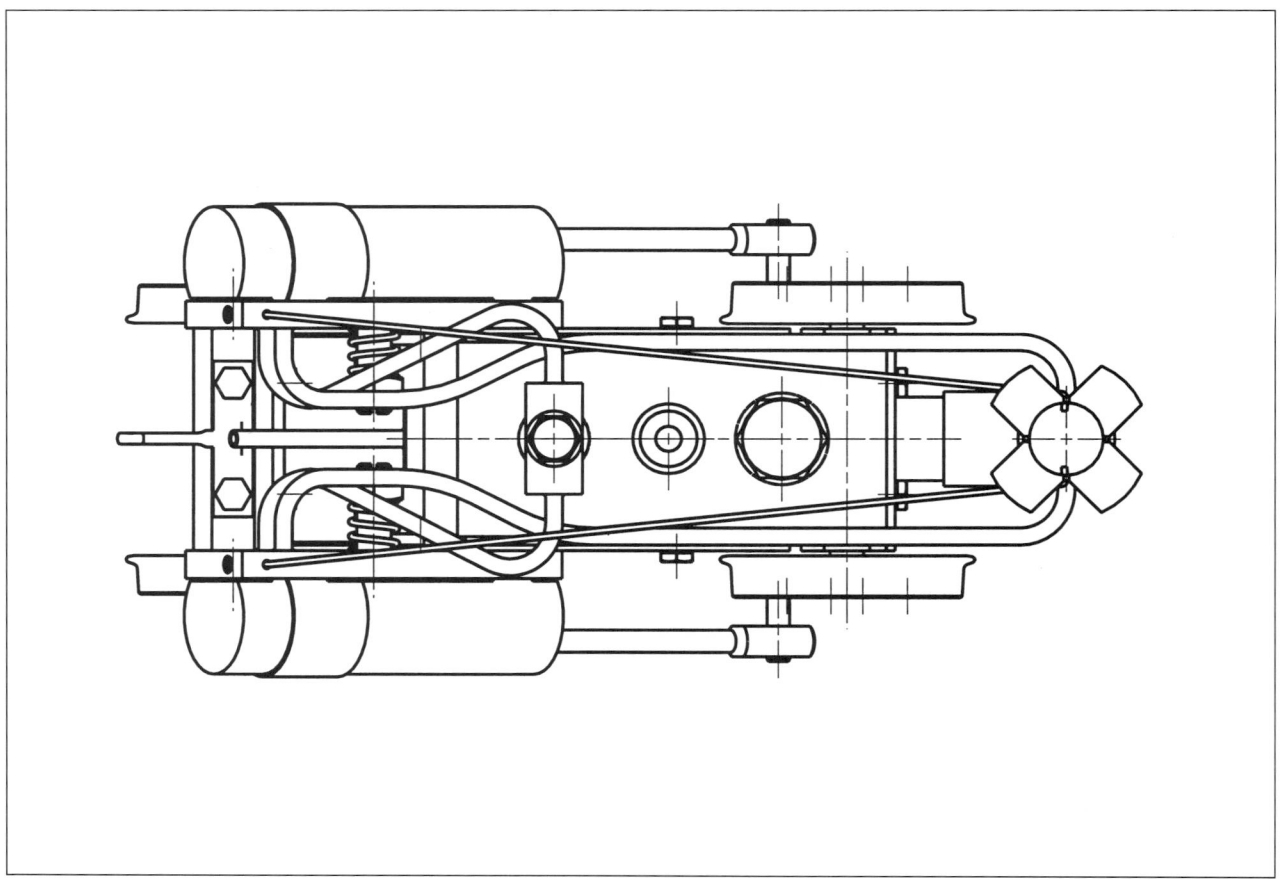

Zusammenbau der Rocket

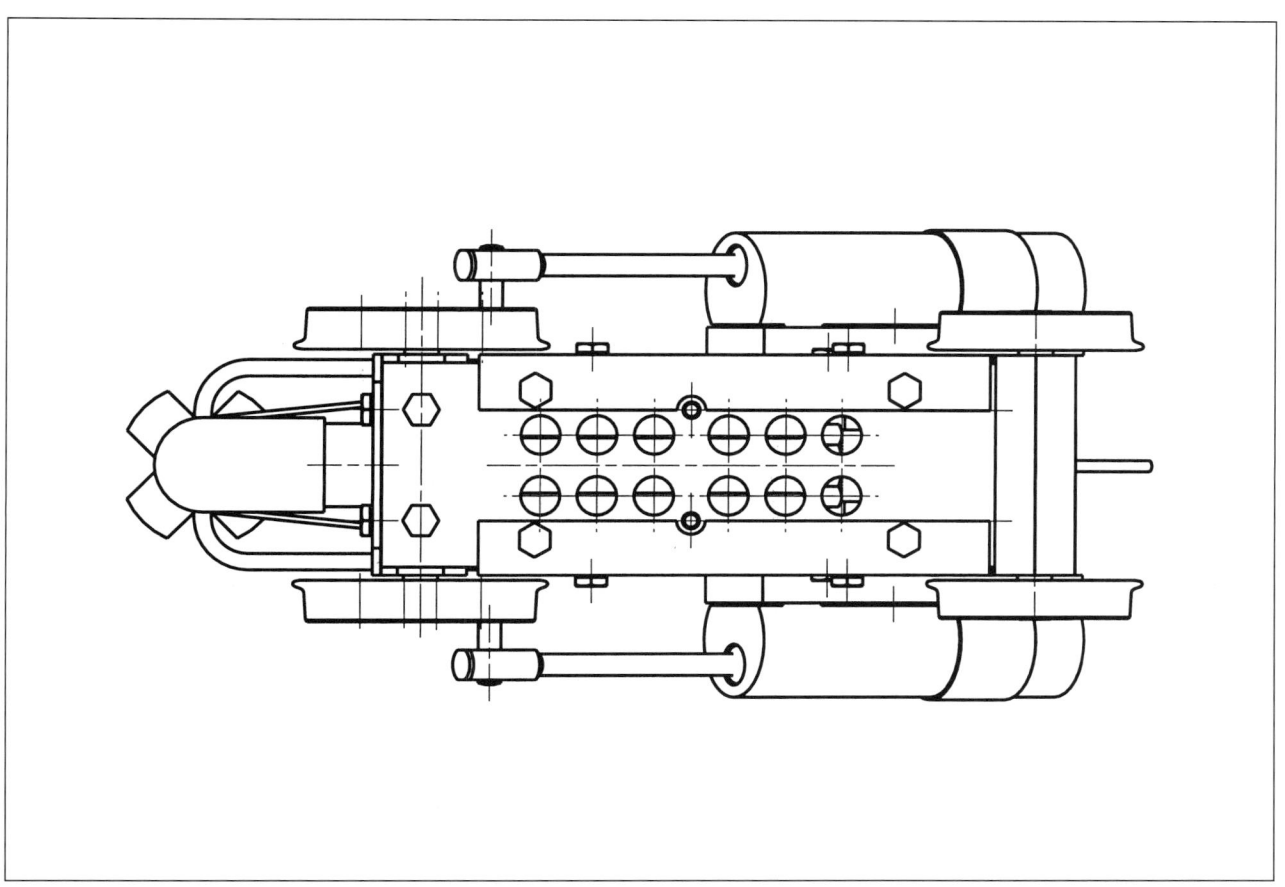

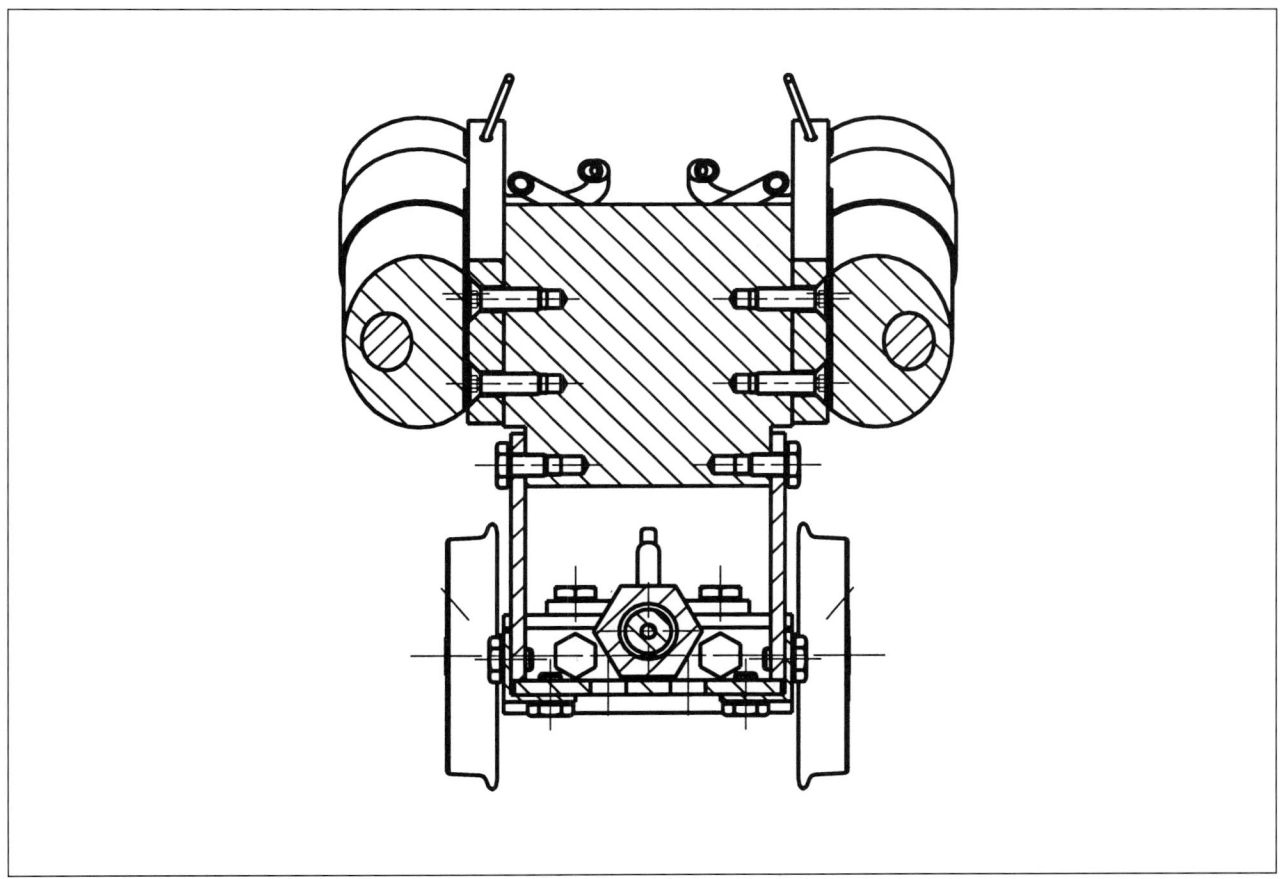

Zusammenbau der Rocket

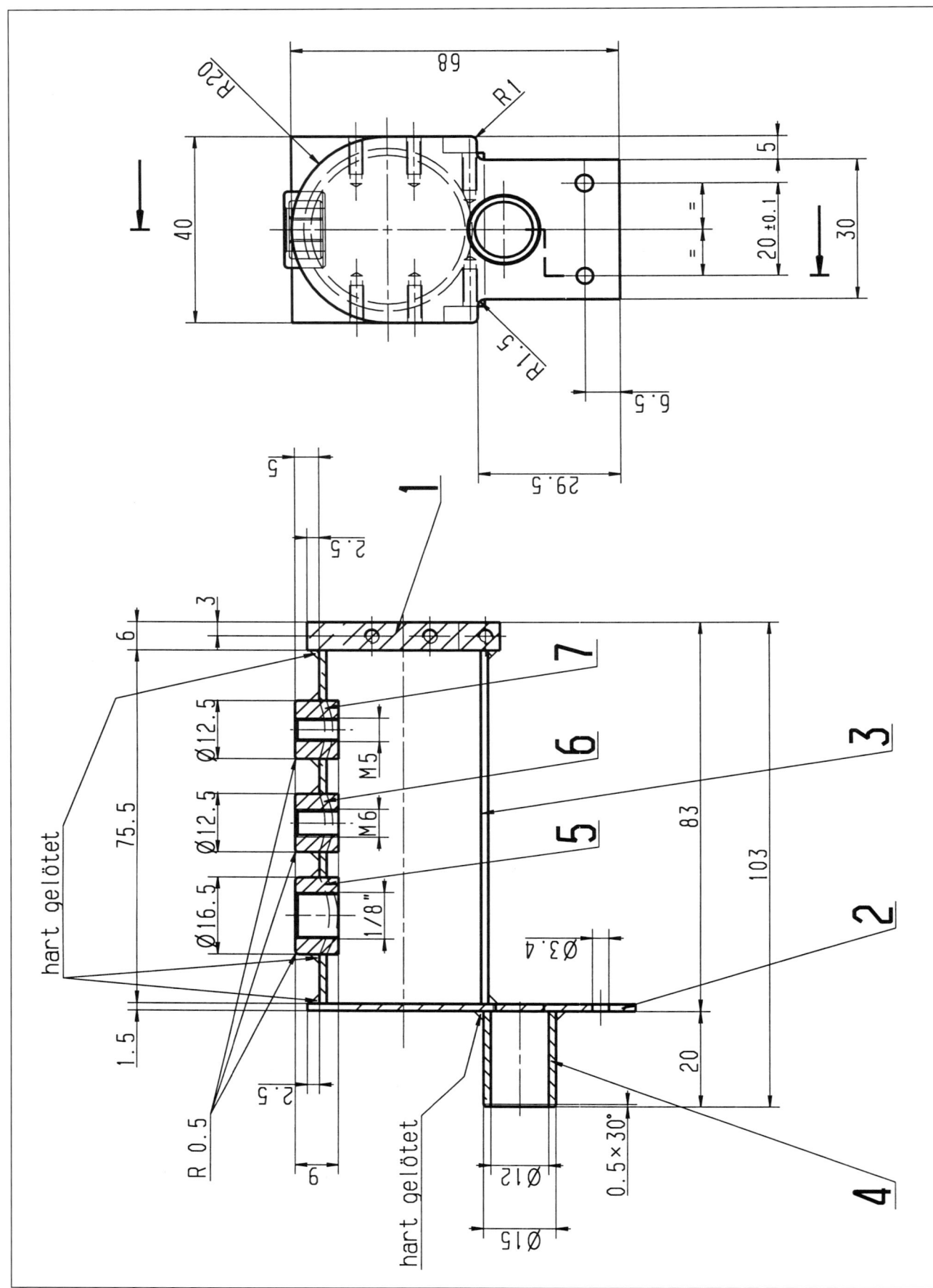

Zusammenbau der Rocket

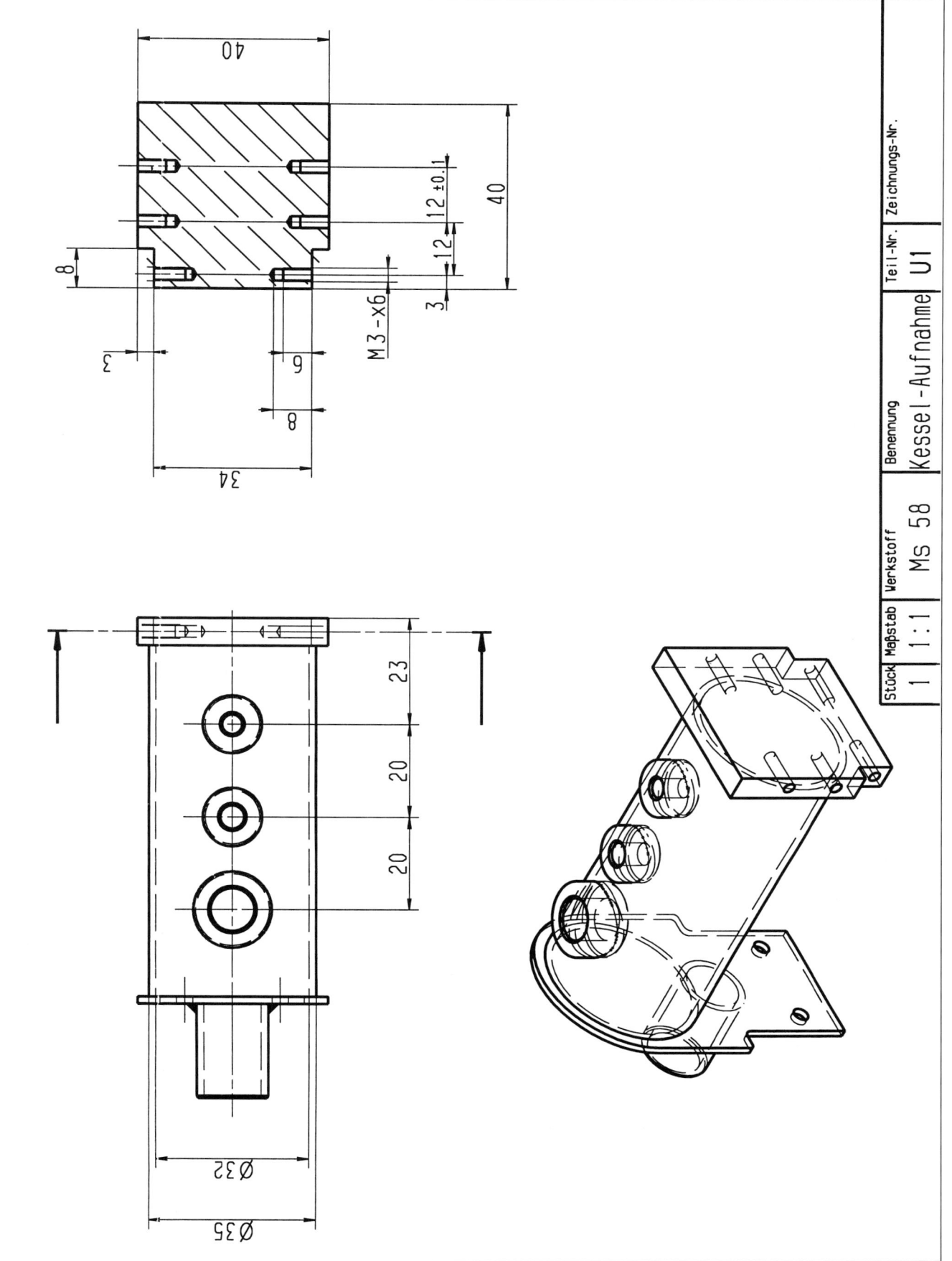

Zusammenbau der Rocket

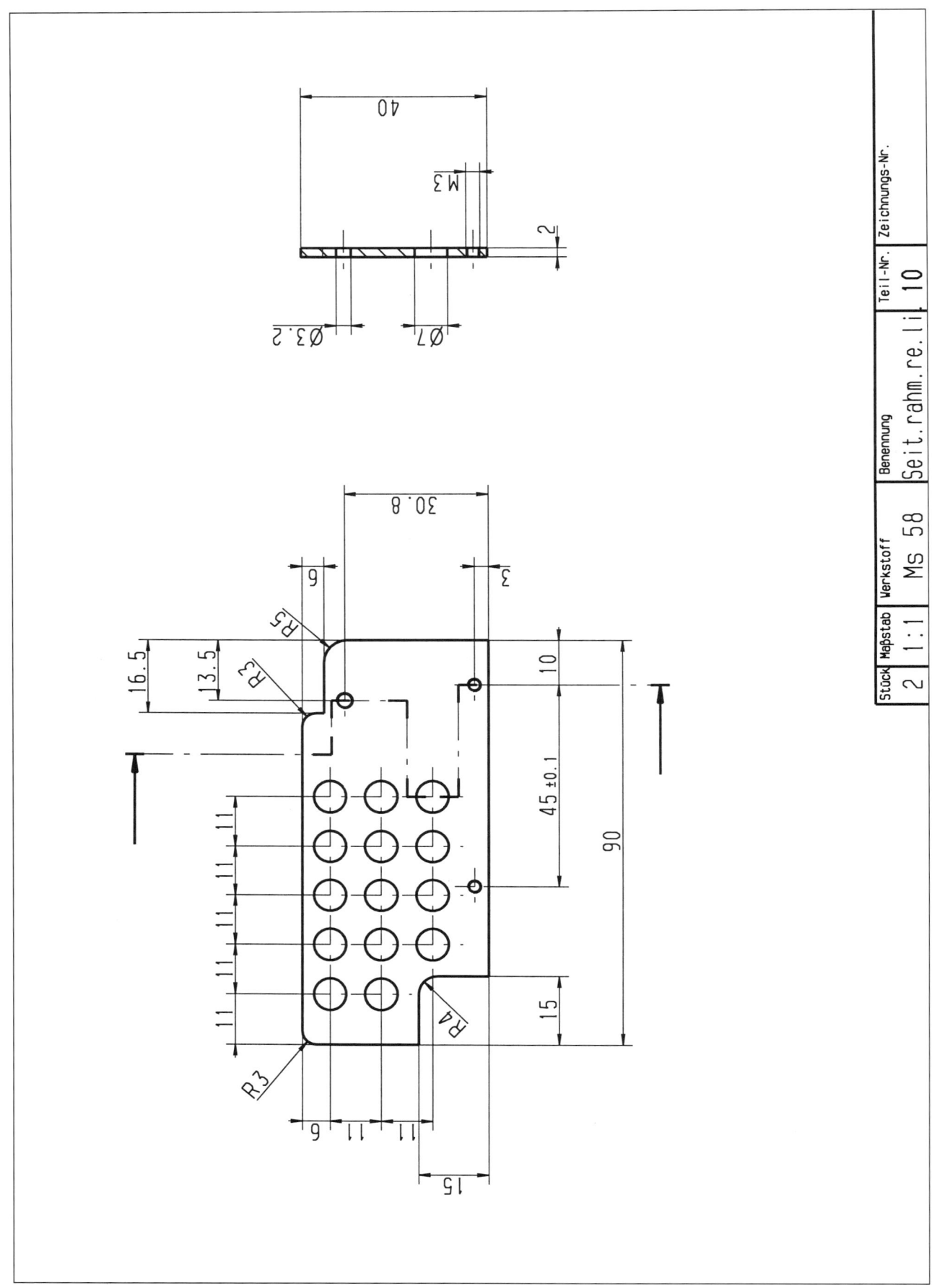

Zusammenbau der Rocket

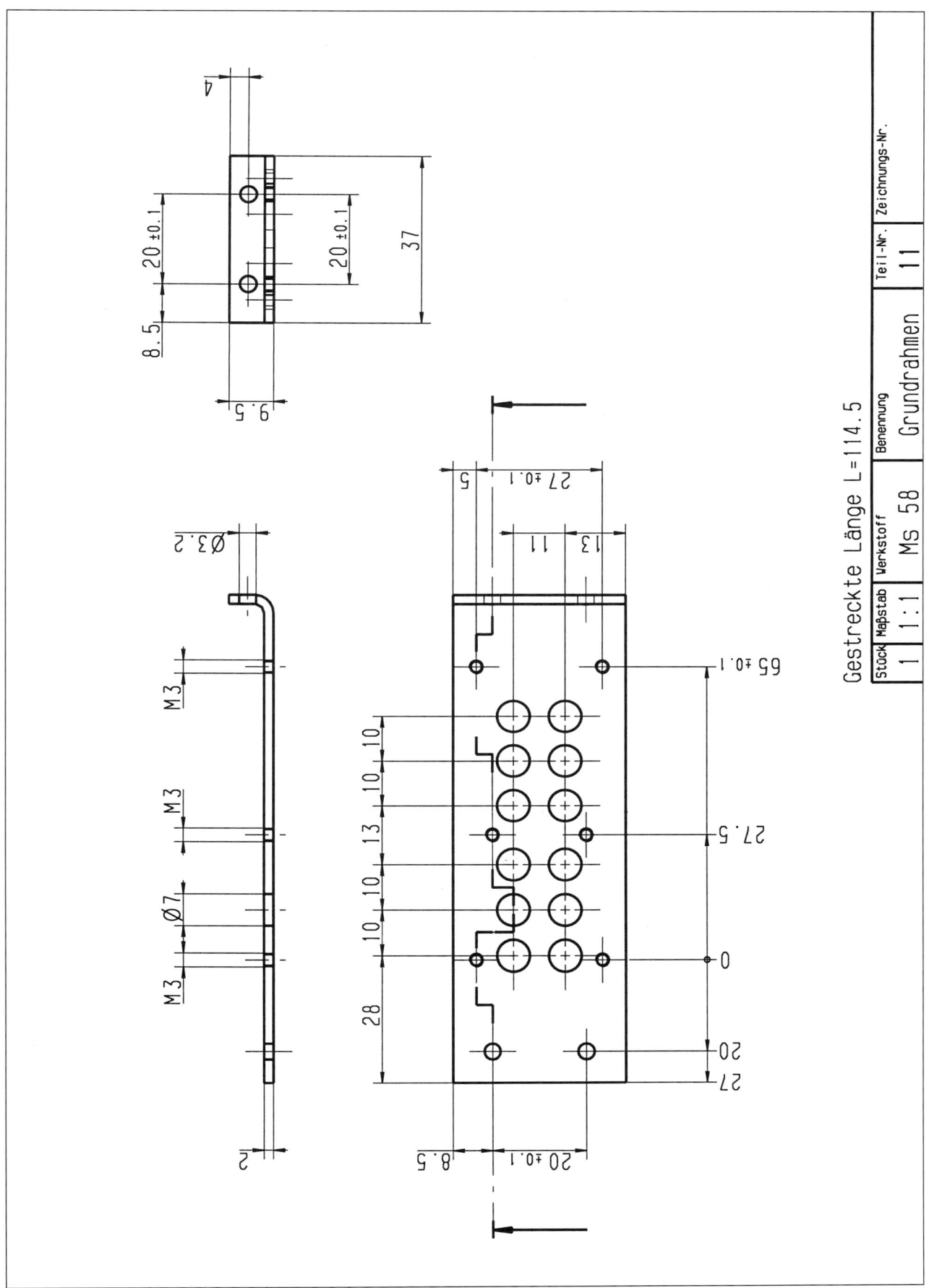

29

Zusammenbau der Rocket

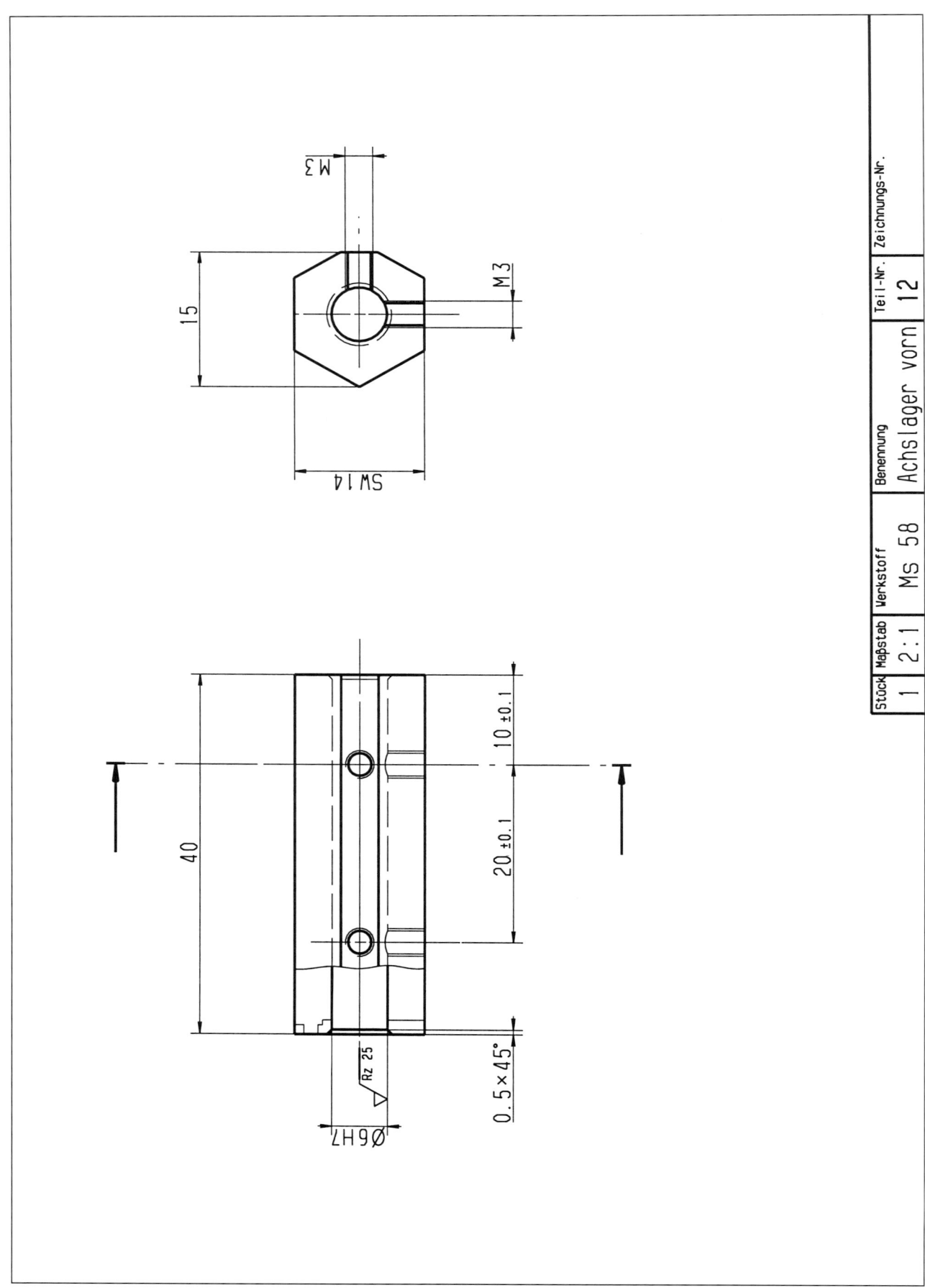

Zusammenbau der Rocket

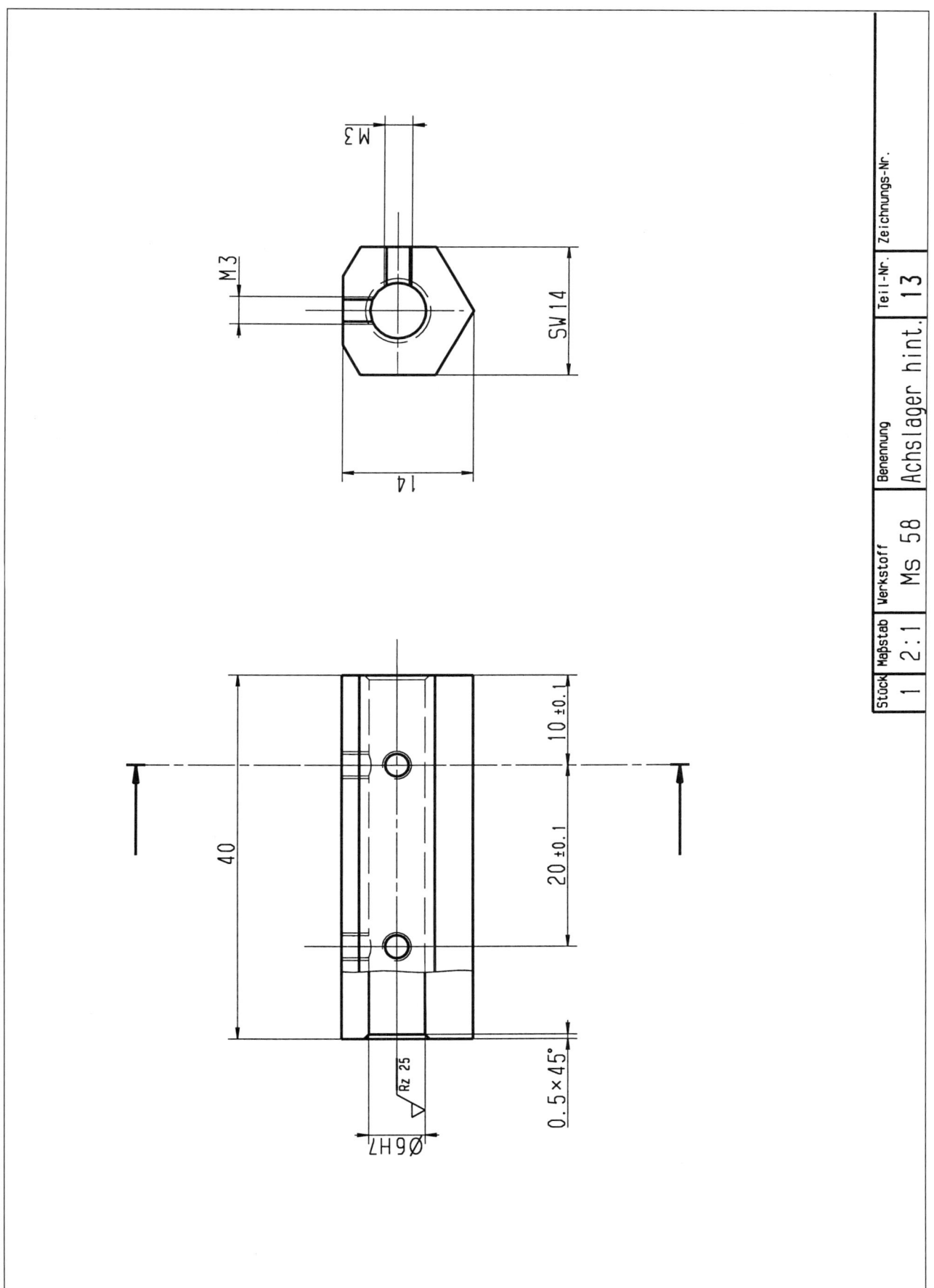

Zusammenbau der Rocket

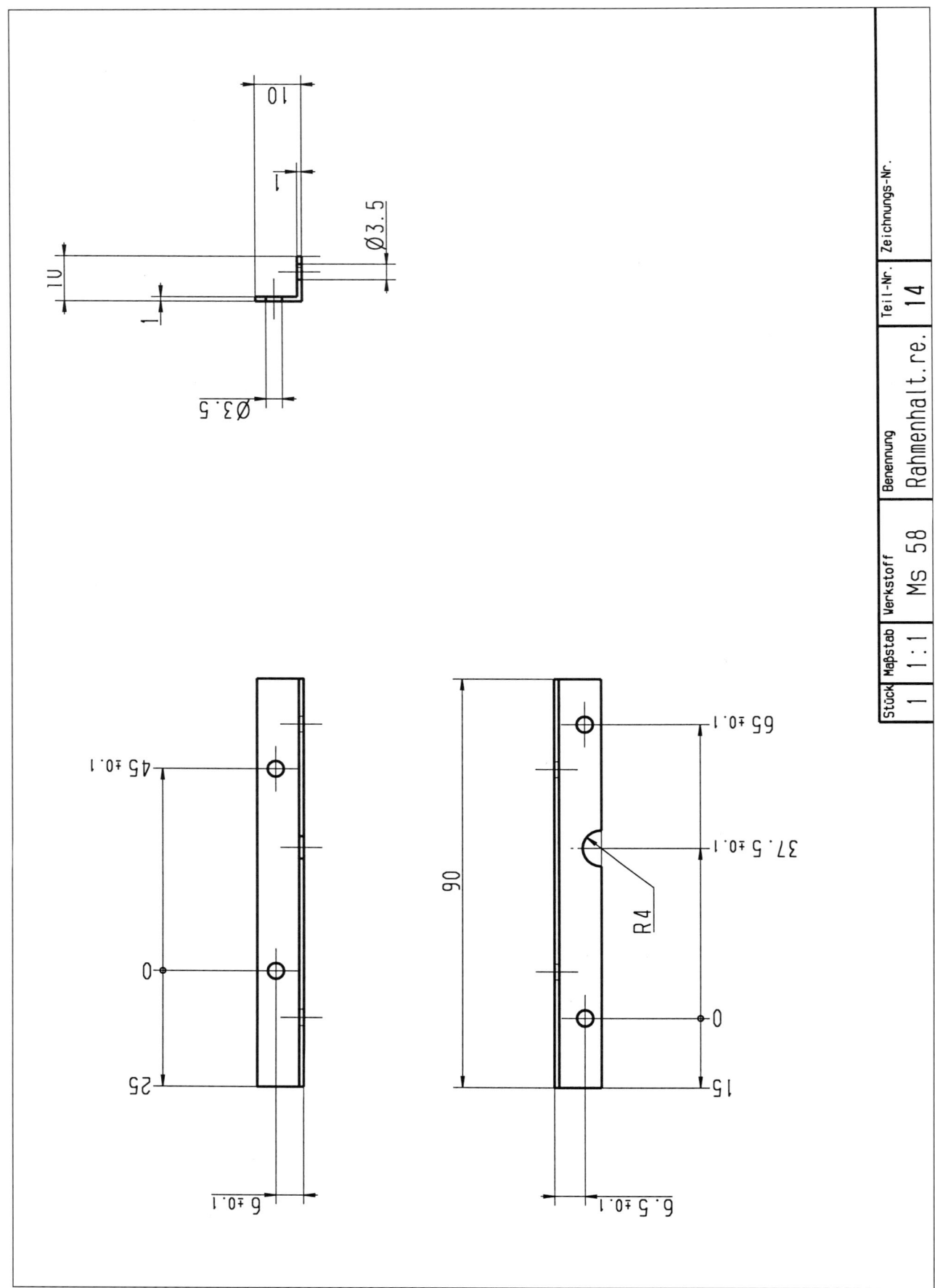

Zusammenbau der Rocket

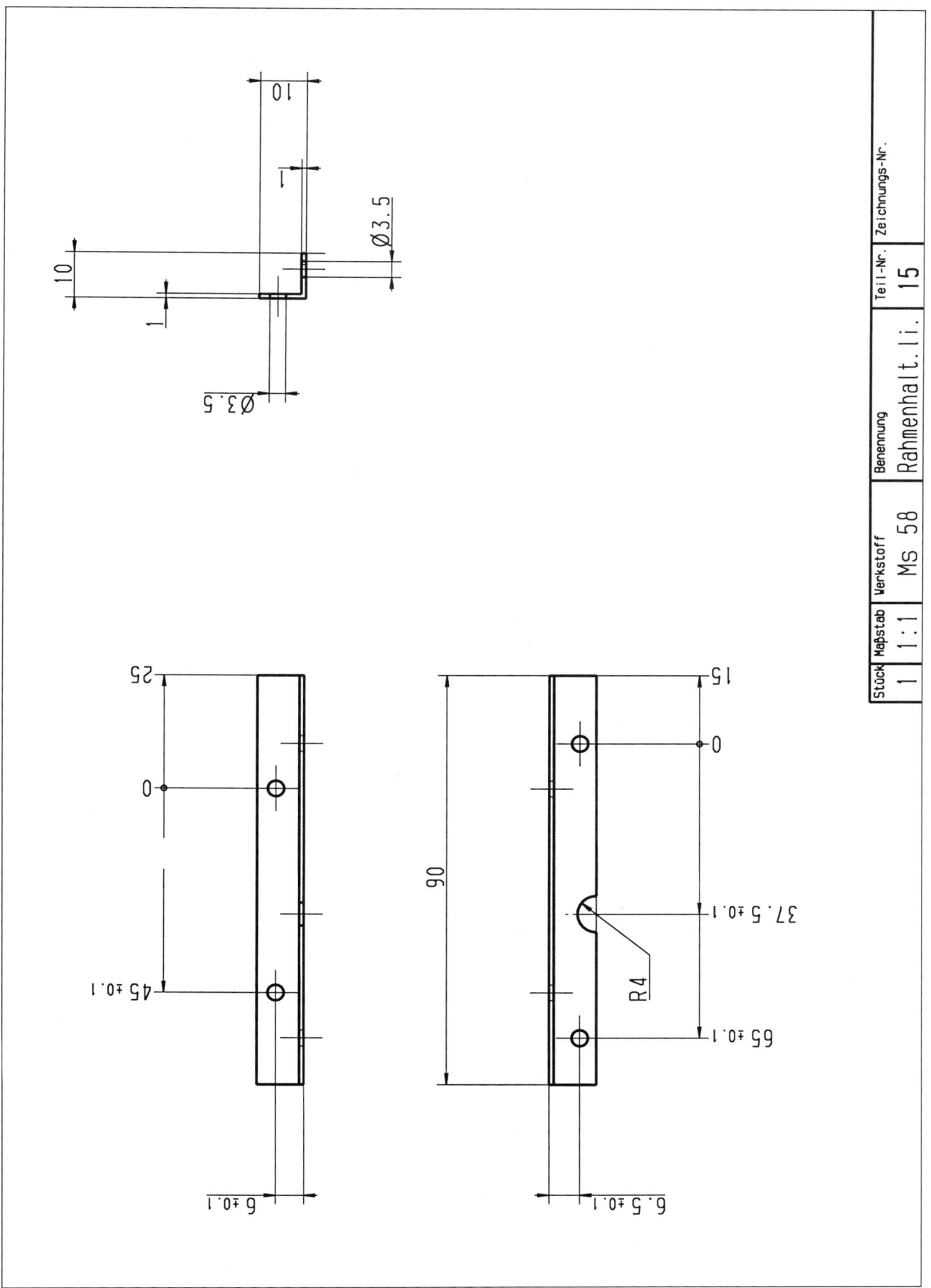

Zusammenbau der Rocket

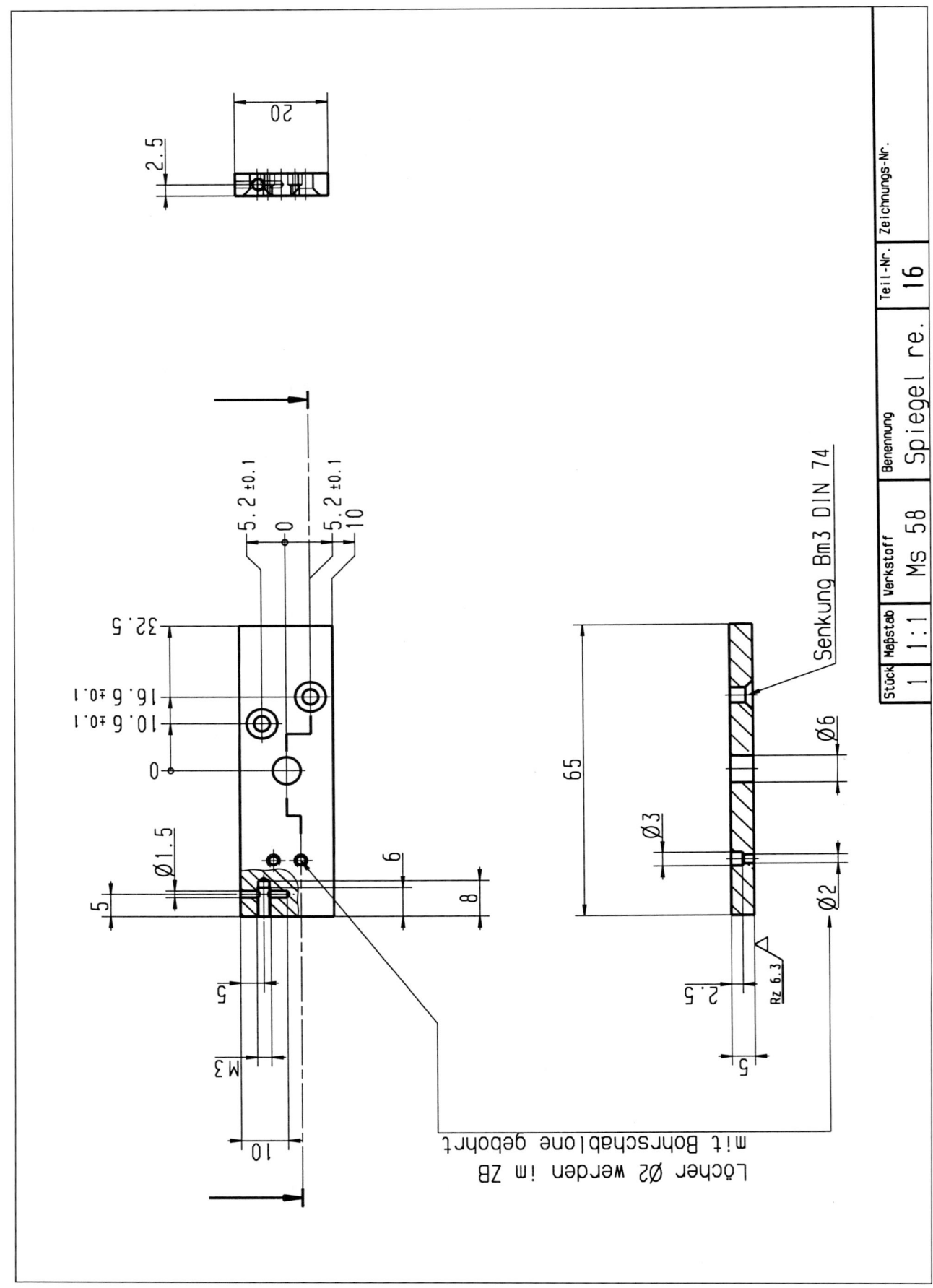

Zusammenbau der Rocket

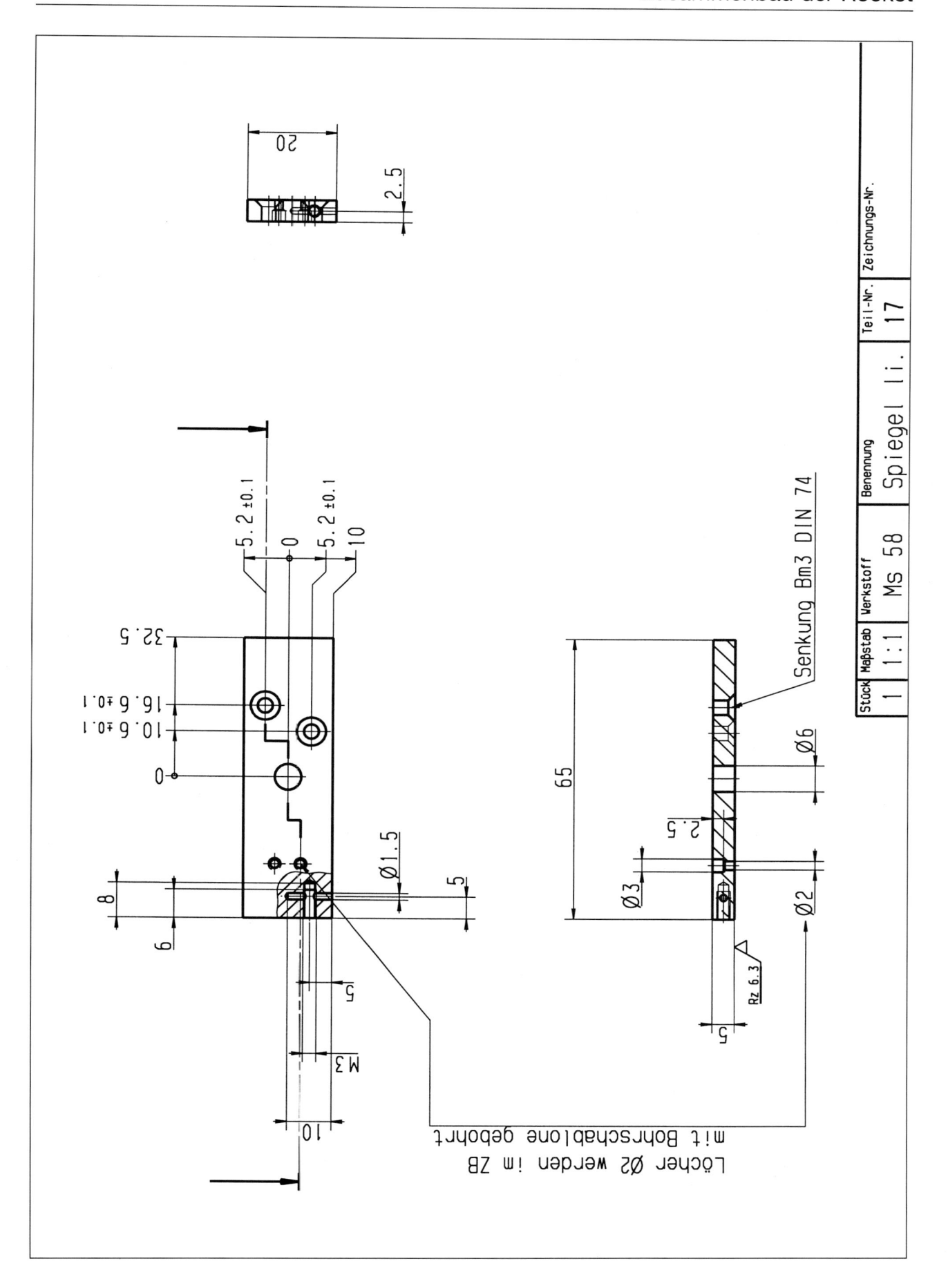

Löcher Ø2 werden im ZB mit Bohrschablone gebohrt

Senkung Bm3 DIN 74

Stück	Maßstab	Werkstoff	Benennung	Teil-Nr.	Zeichnungs-Nr.
1	1:1	MS 58	Spiegel li.	17	

Zusammenbau der Rocket

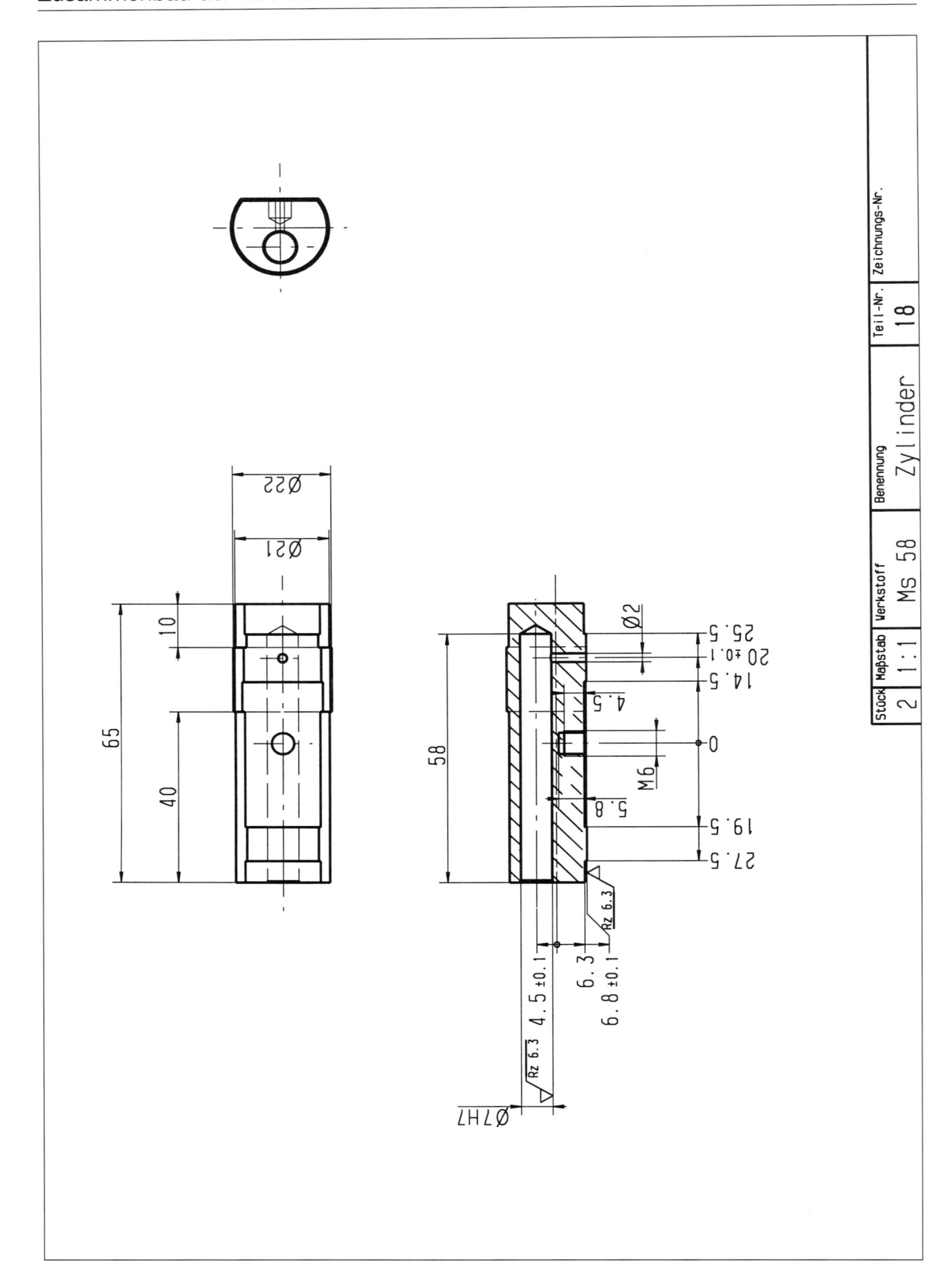

Zusammenbau der Rocket

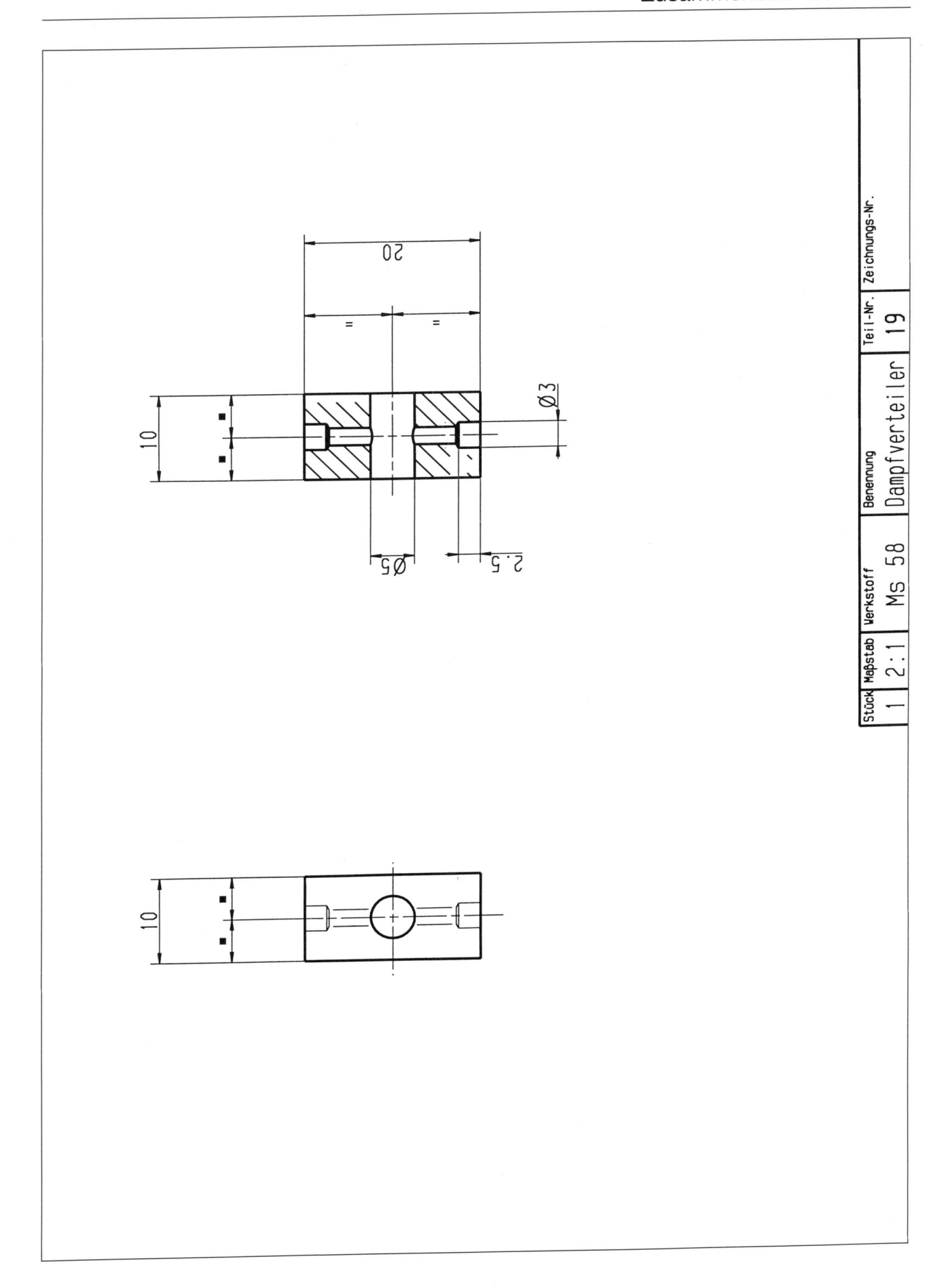

Stück	Maßstab	Werkstoff	Benennung	Teil-Nr.	Zeichnungs-Nr.
1	2:1	MS 58	Dampfverteiler	19	

Zusammenbau der Rocket

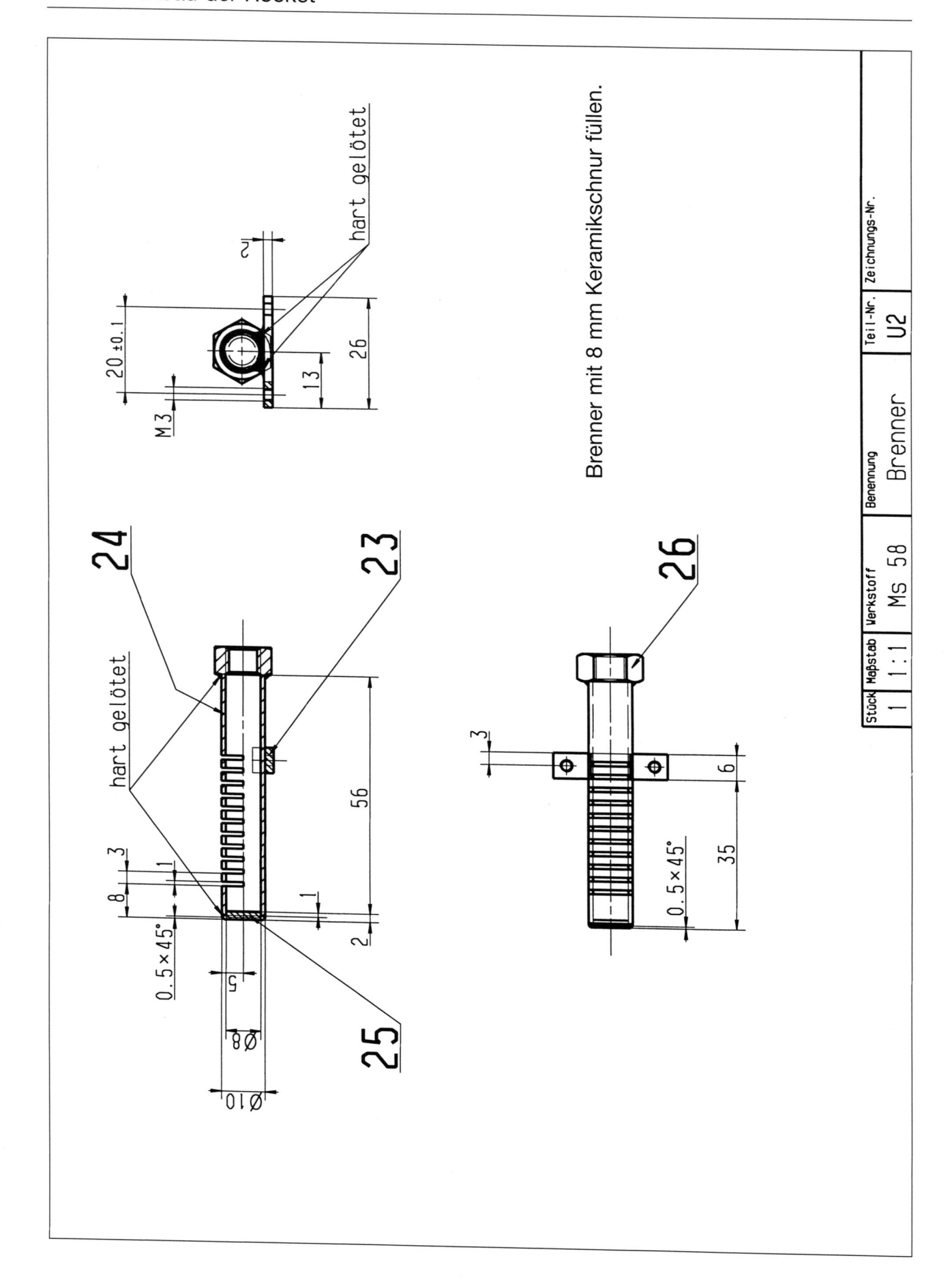

hart gelötet

20 ±0.1
M3
13
26

24
23
hart gelötet
56
3
8
1
0.5×45°
5
2
1
Ø8
Ø10
25

Brenner mit 8 mm Keramikschnur füllen.

26
3
6
35
0.5×45°

Stück	Maßstab	Werkstoff	Benennung	Teil-Nr.	Zeichnungs-Nr.
1	1:1	MS 58	Brenner		U2

Zusammenbau der Rocket

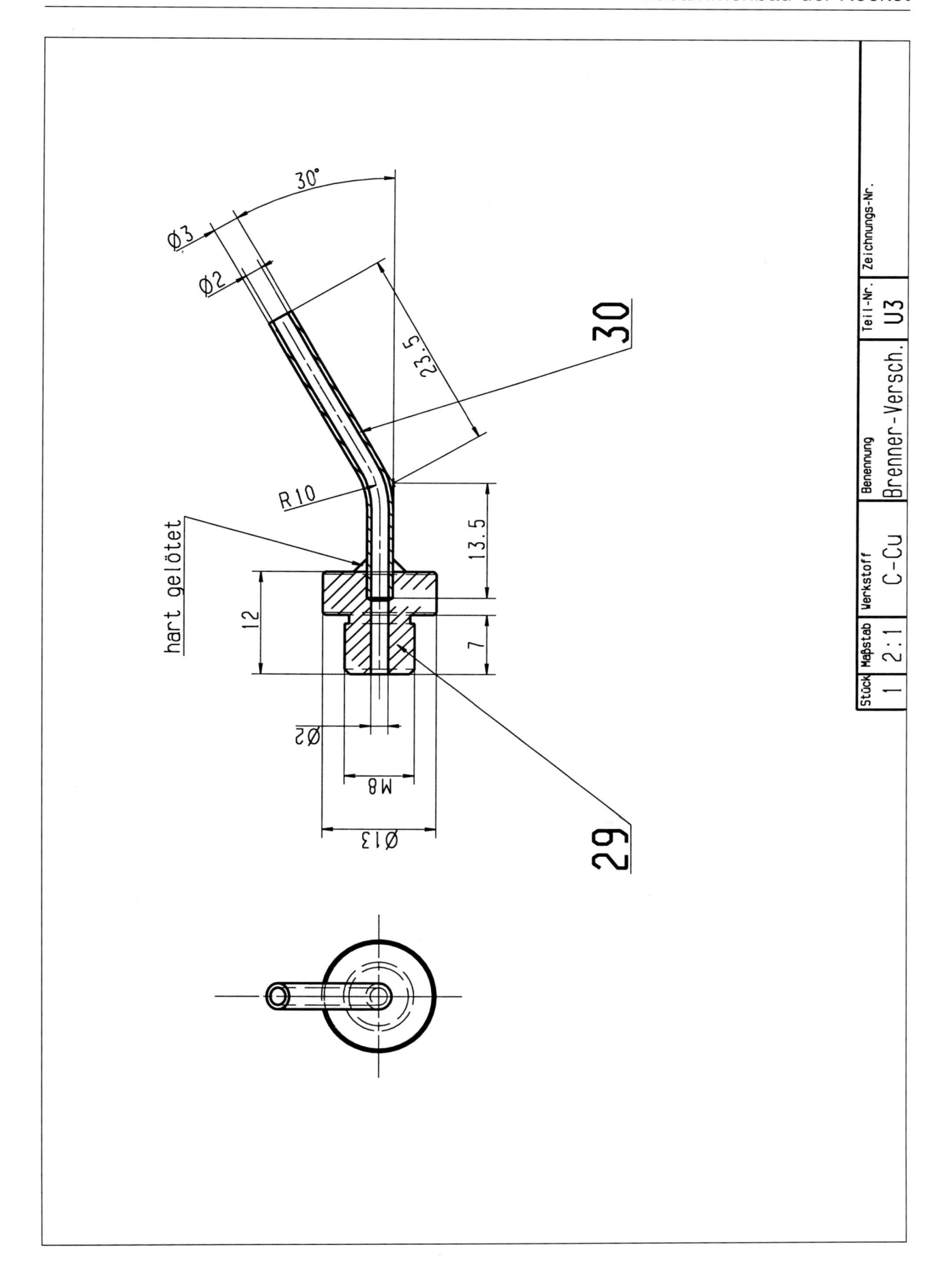

Stück	Maßstab	Werkstoff	Benennung	Teil-Nr.	Zeichnungs-Nr.
1	2:1	C-Cu	Brenner-Versch.		U3

Zusammenbau der Rocket

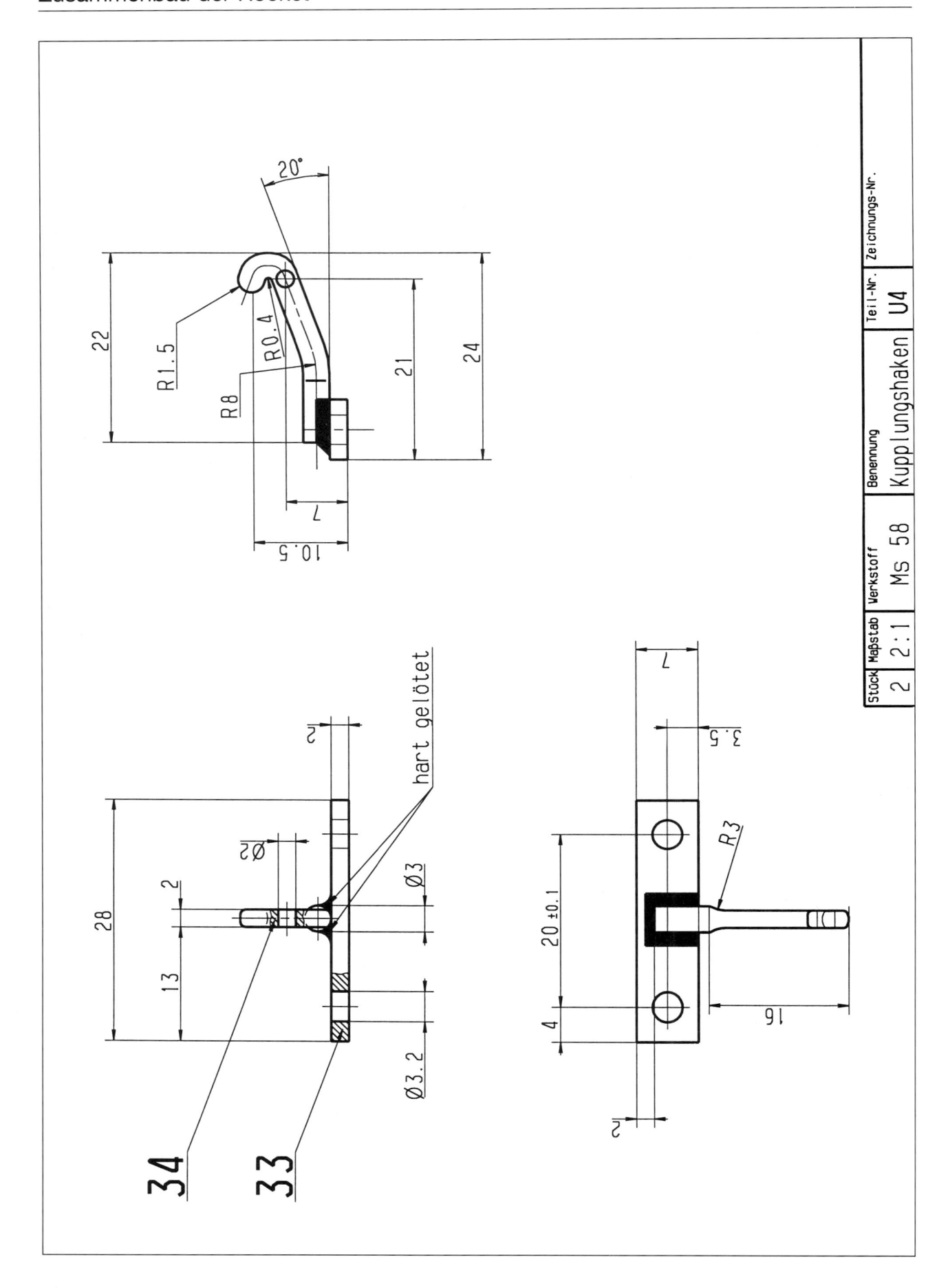

Zusammenbau der Rocket

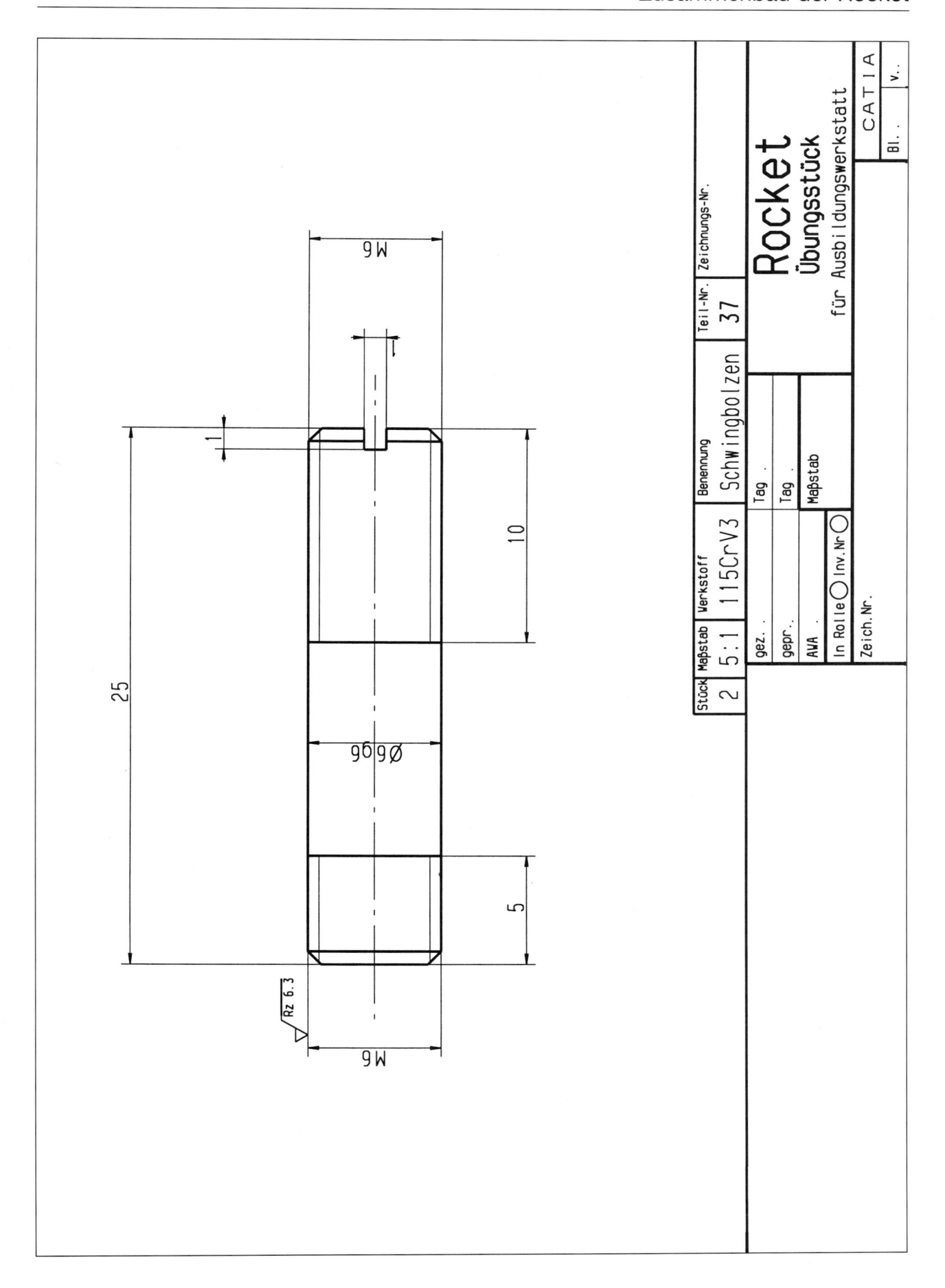

Stück	Maßstab	Werkstoff	Benennung	Teil-Nr.	Zeichnungs-Nr.
2	5:1	115CrV3	Schwingbolzen	37	

Rocket
Übungsstück
für Ausbildungswerkstatt

CATIA

Zusammenbau der Rocket

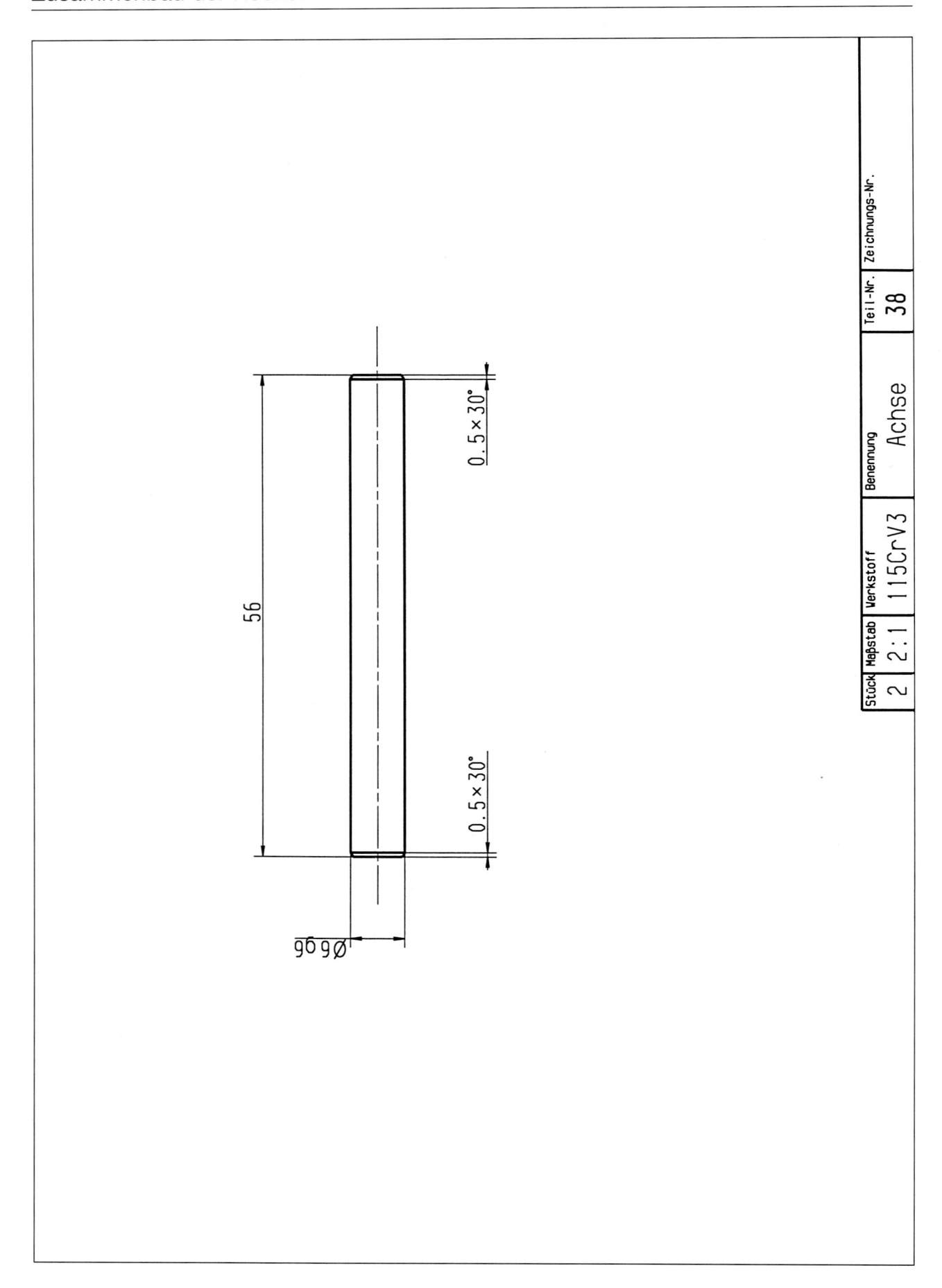

Stück	Maßstab	Werkstoff	Benennung	Teil-Nr.	Zeichnungs-Nr.
2	2:1	115CrV3	Achse		38

Dimensions: 56, Ø6g6, 0.5×30° (both ends)

Zusammenbau der Rocket

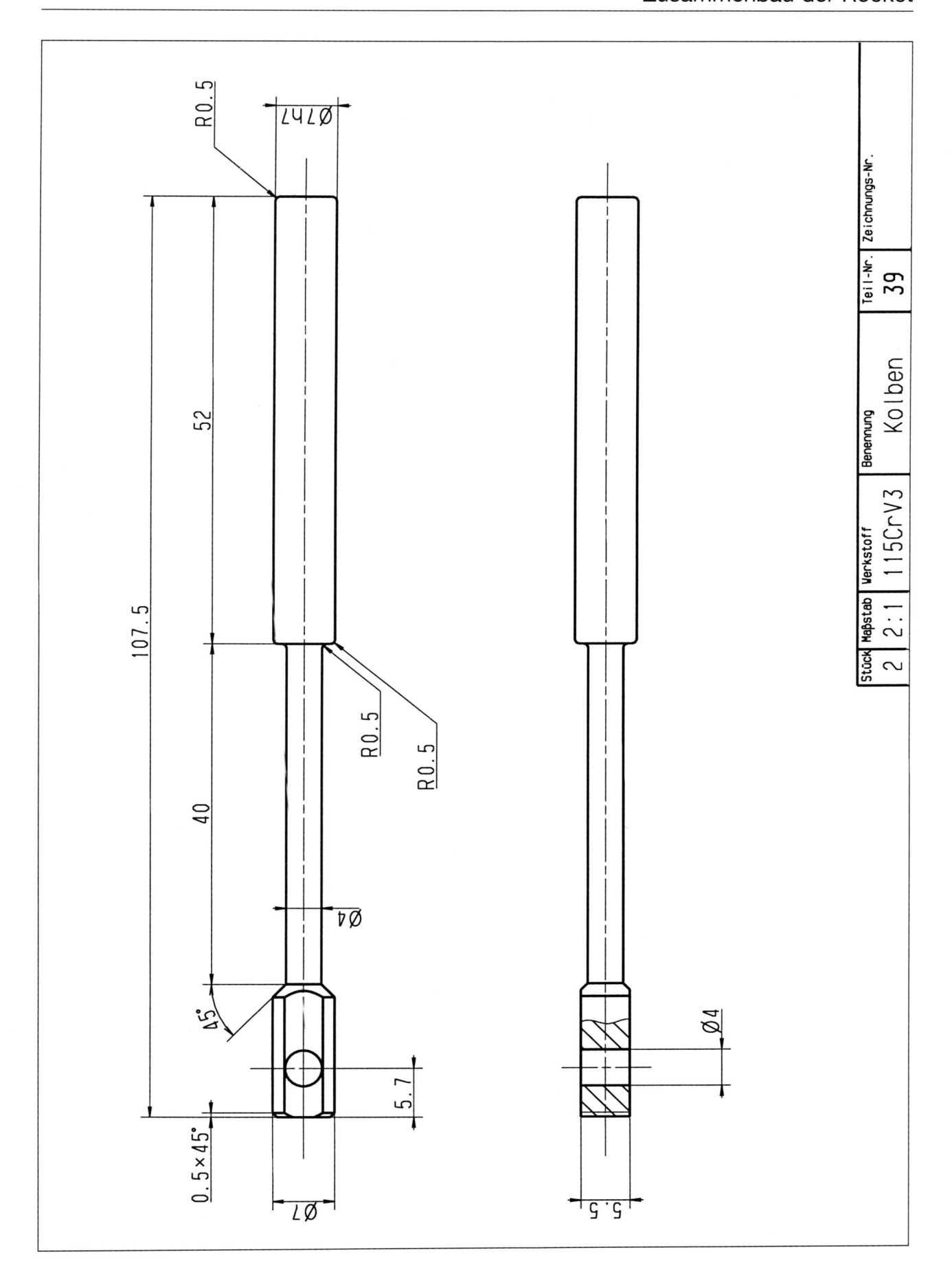

Stück	Maßstab	Werkstoff	Benennung	Teil-Nr.	Zeichnungs-Nr.
2	2:1	115CrV3	Kolben	39	

Zusammenbau der Rocket

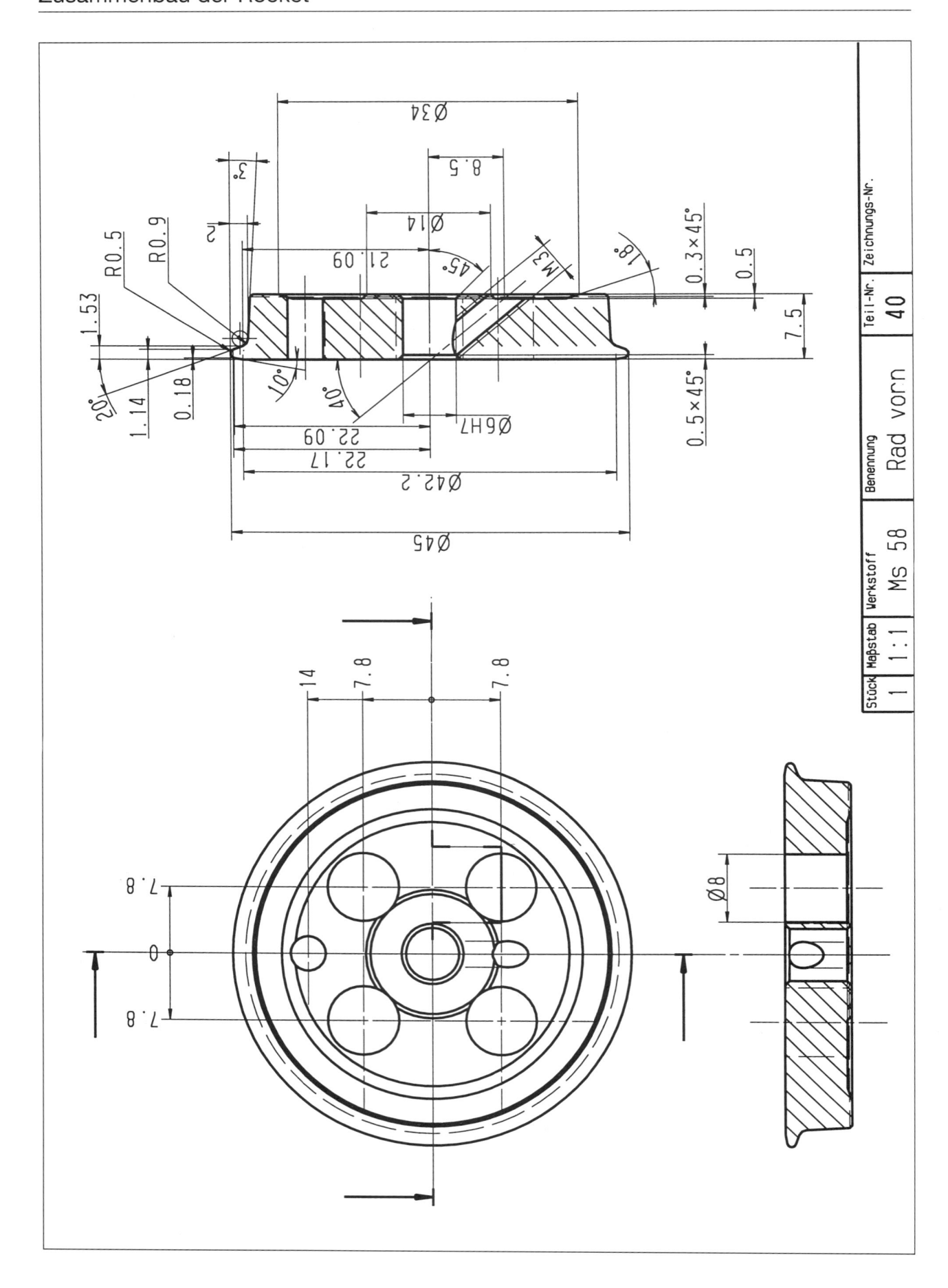

Zusammenbau der Rocket

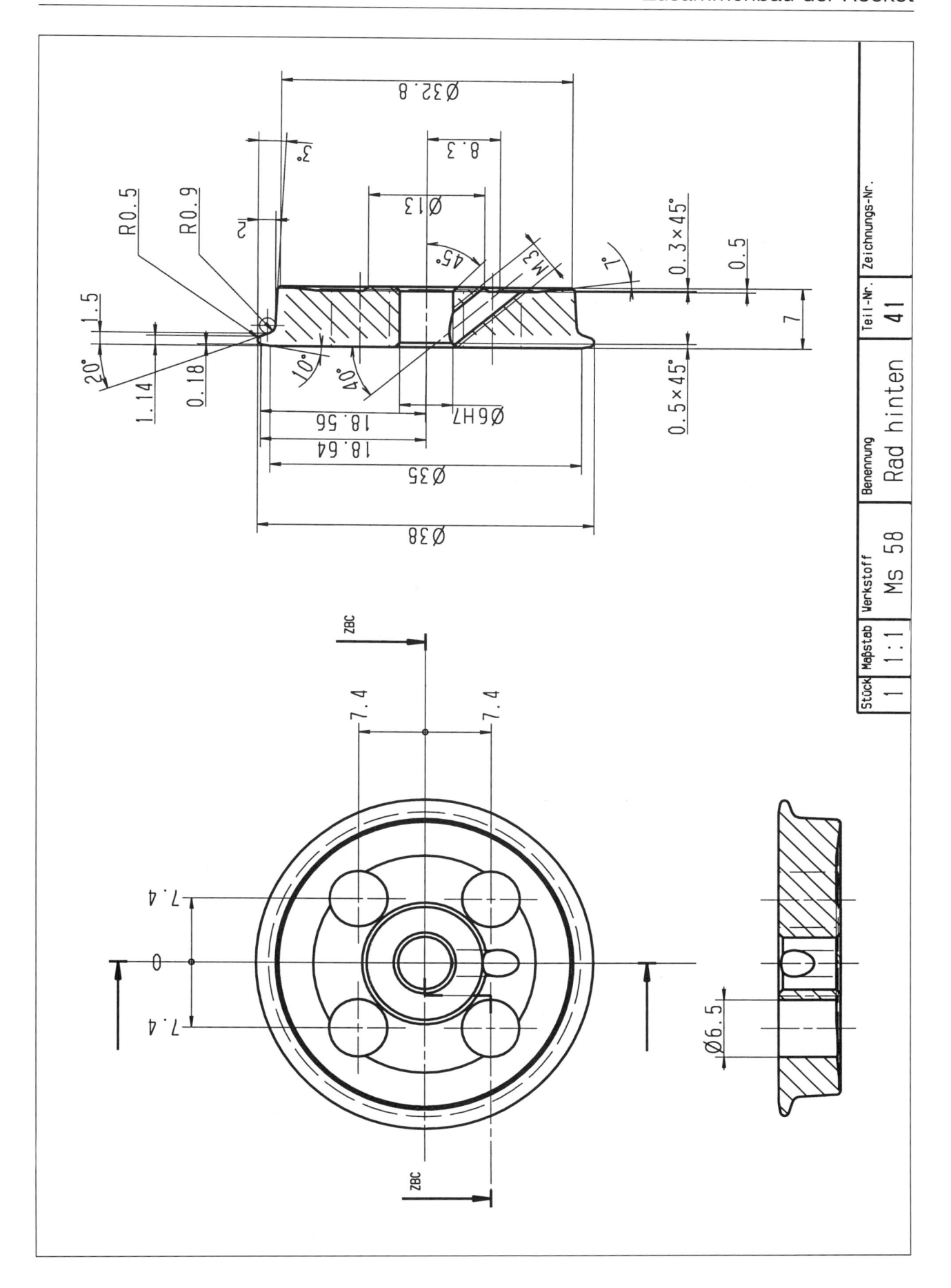

Zusammenbau der Rocket

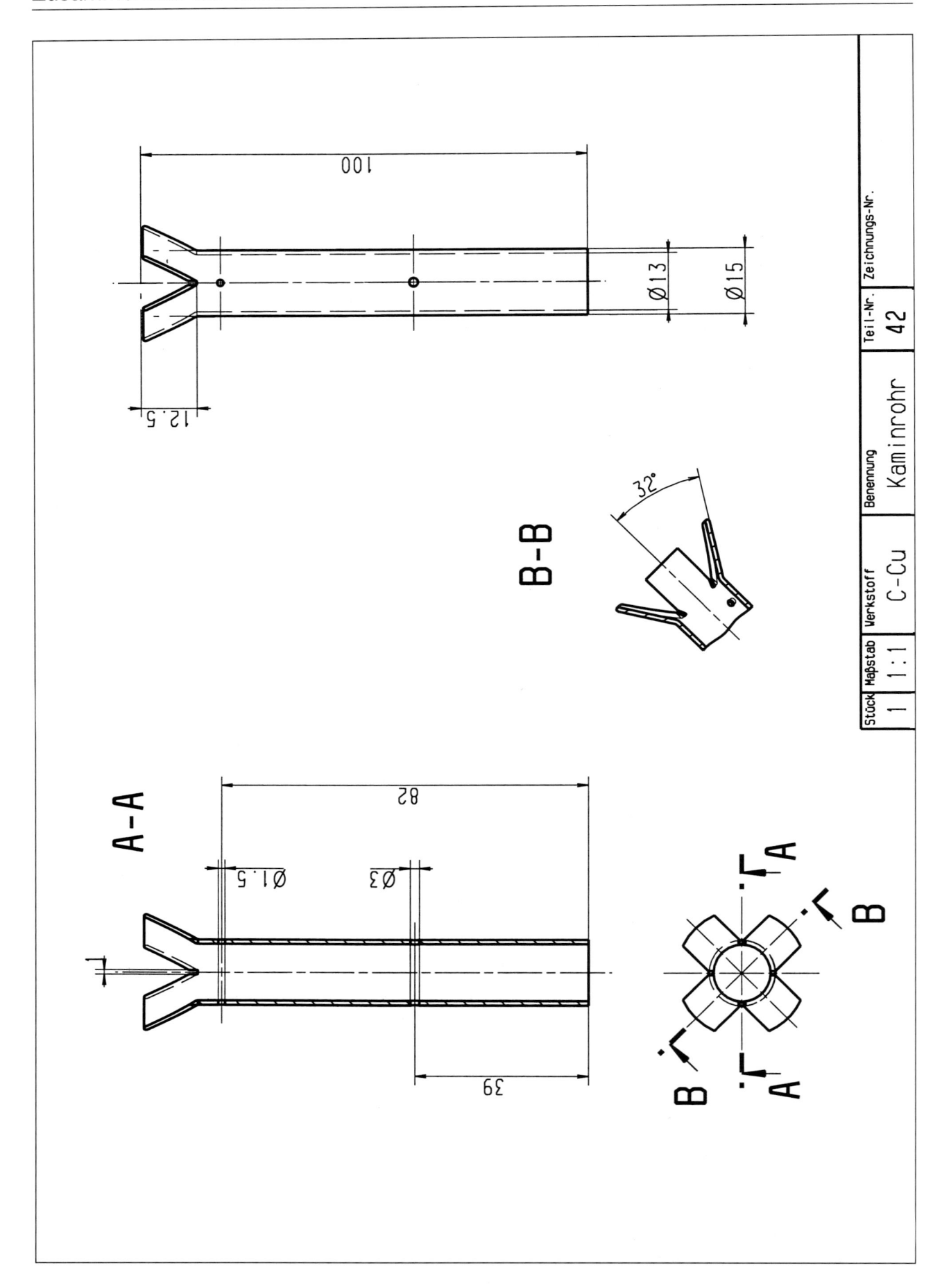

46

Zusammenbau der Rocket

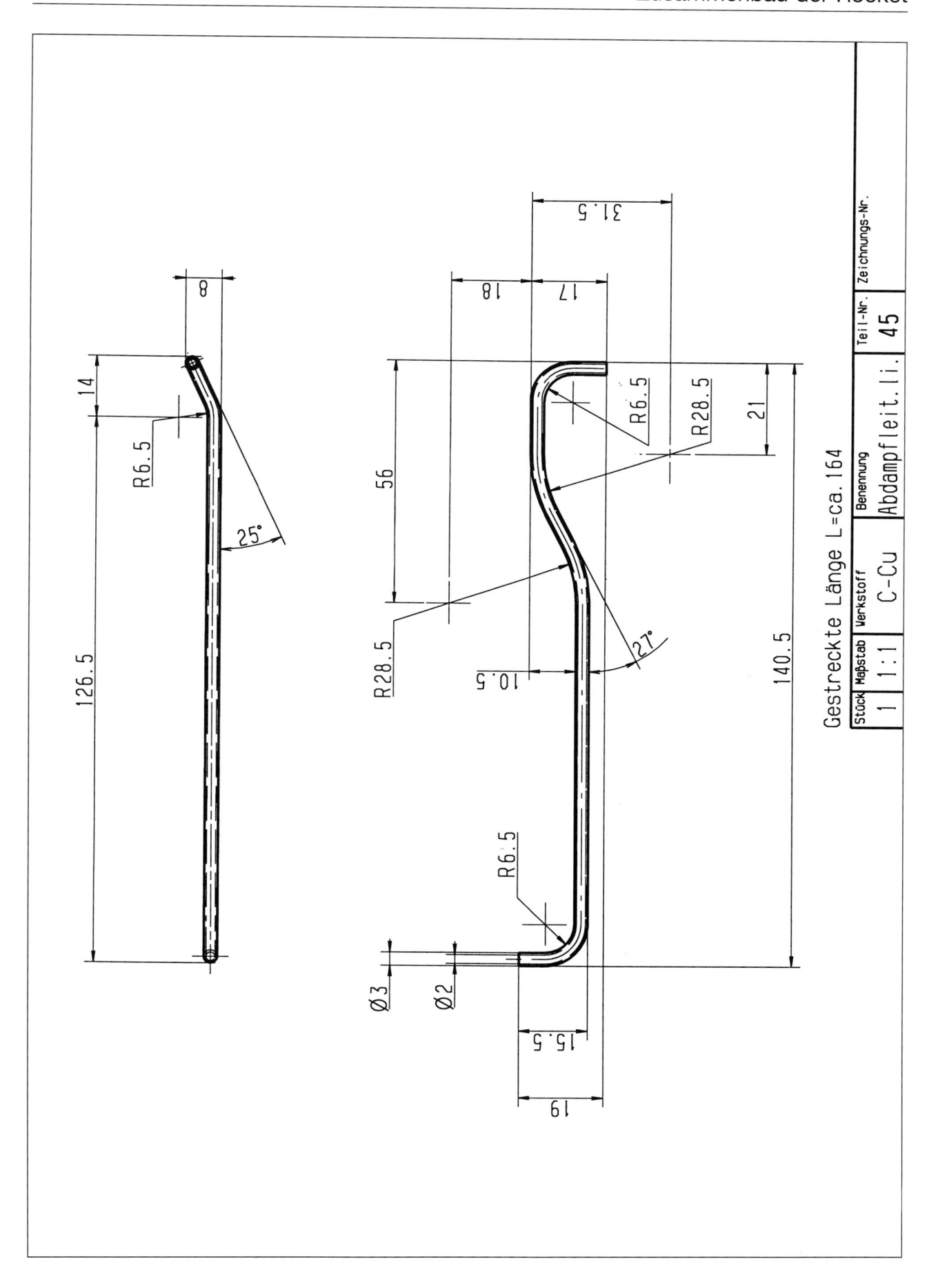

Zusammenbau der Rocket

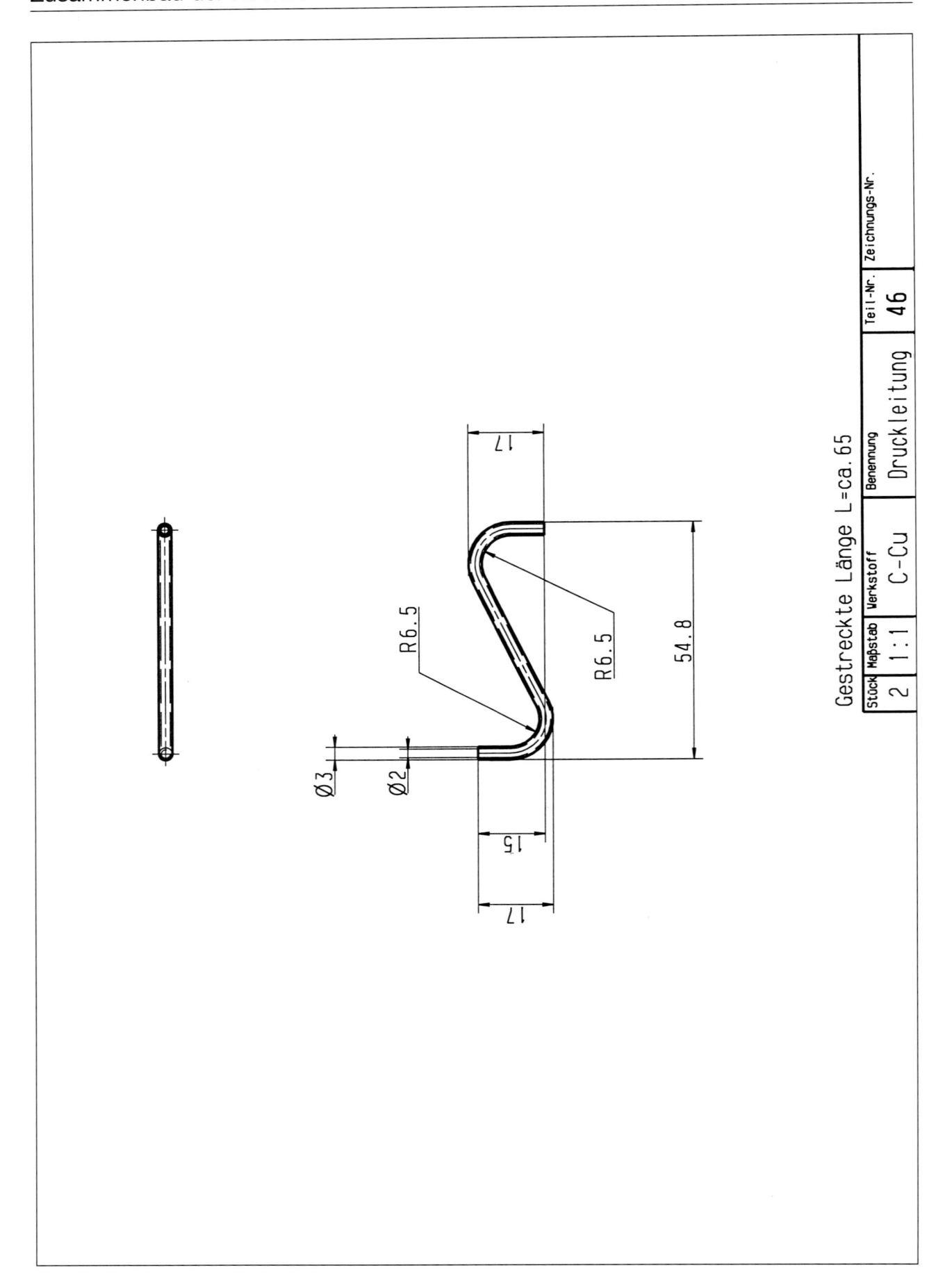

Stück	Maßstab	Werkstoff	Benennung	Teil-Nr.	Zeichnungs-Nr.
2	1:1	C-Cu	Druckleitung	46	

Gestreckte Länge L=ca. 65

Zusammenbau der Rocket

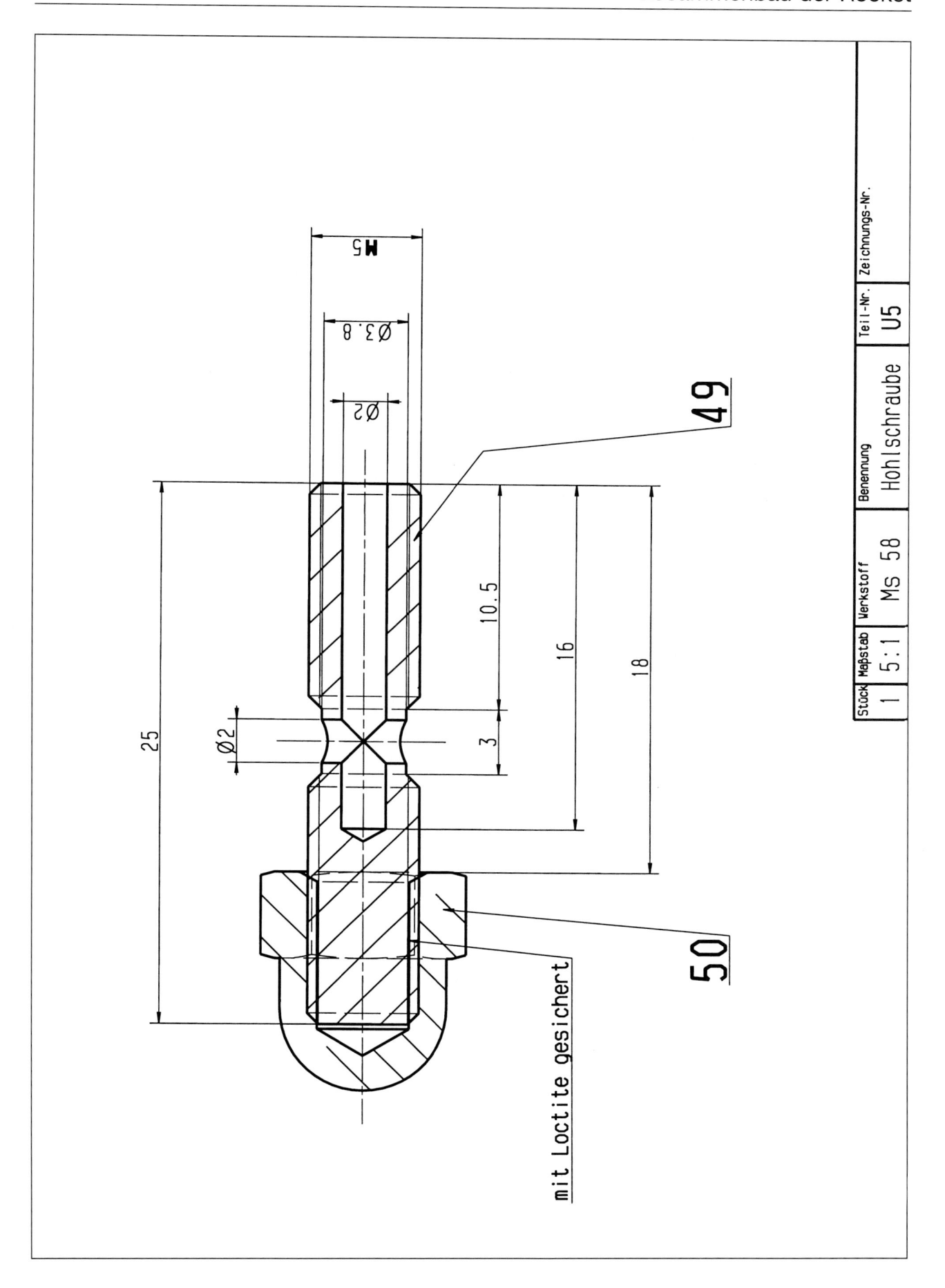

mit Loctite gesichert

Stück	Maßstab	Werkstoff	Benennung	Teil-Nr.	Zeichnungs-Nr.
1	5:1	MS 58	Hohlschraube	U5	

Zusammenbau der Rocket

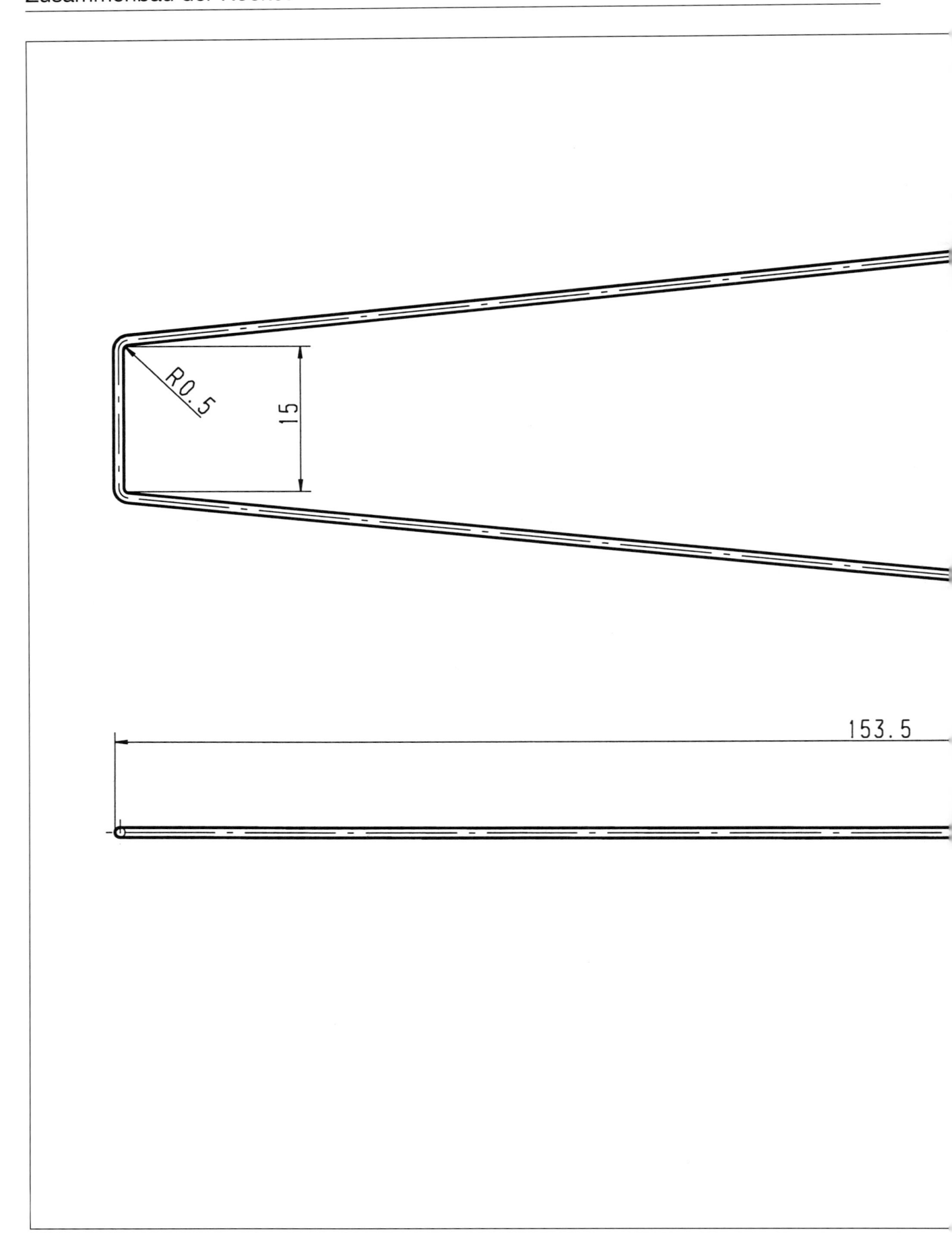

R0.5

15

153.5

Zusammenbau der Rocket

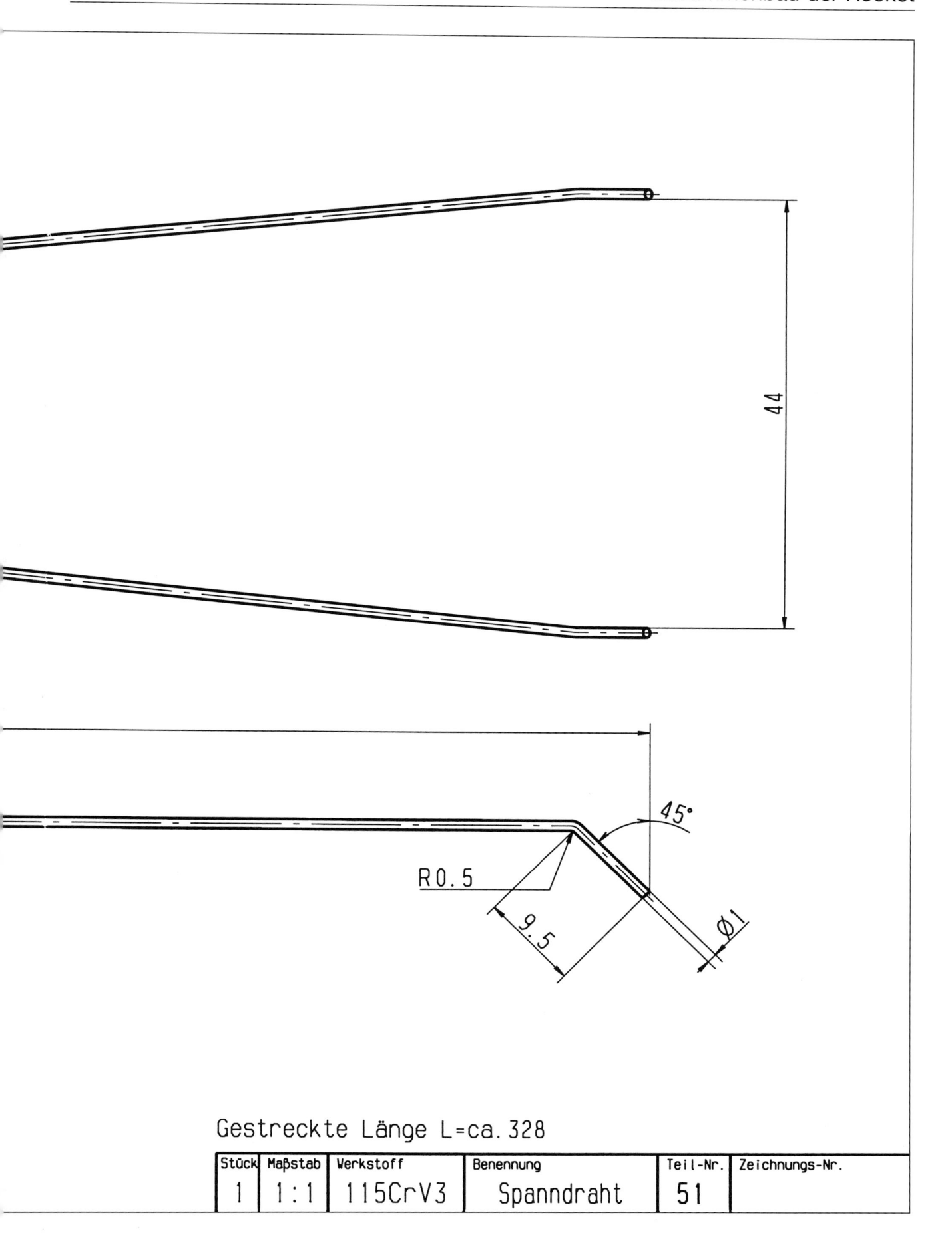

44

45°

R0.5

9.5

Ø1

Gestreckte Länge L=ca. 328

Stück	Maßstab	Werkstoff	Benennung	Teil-Nr.	Zeichnungs-Nr.
1	1:1	115CrV3	Spanndraht	51	

Zusammenbau der Rocket

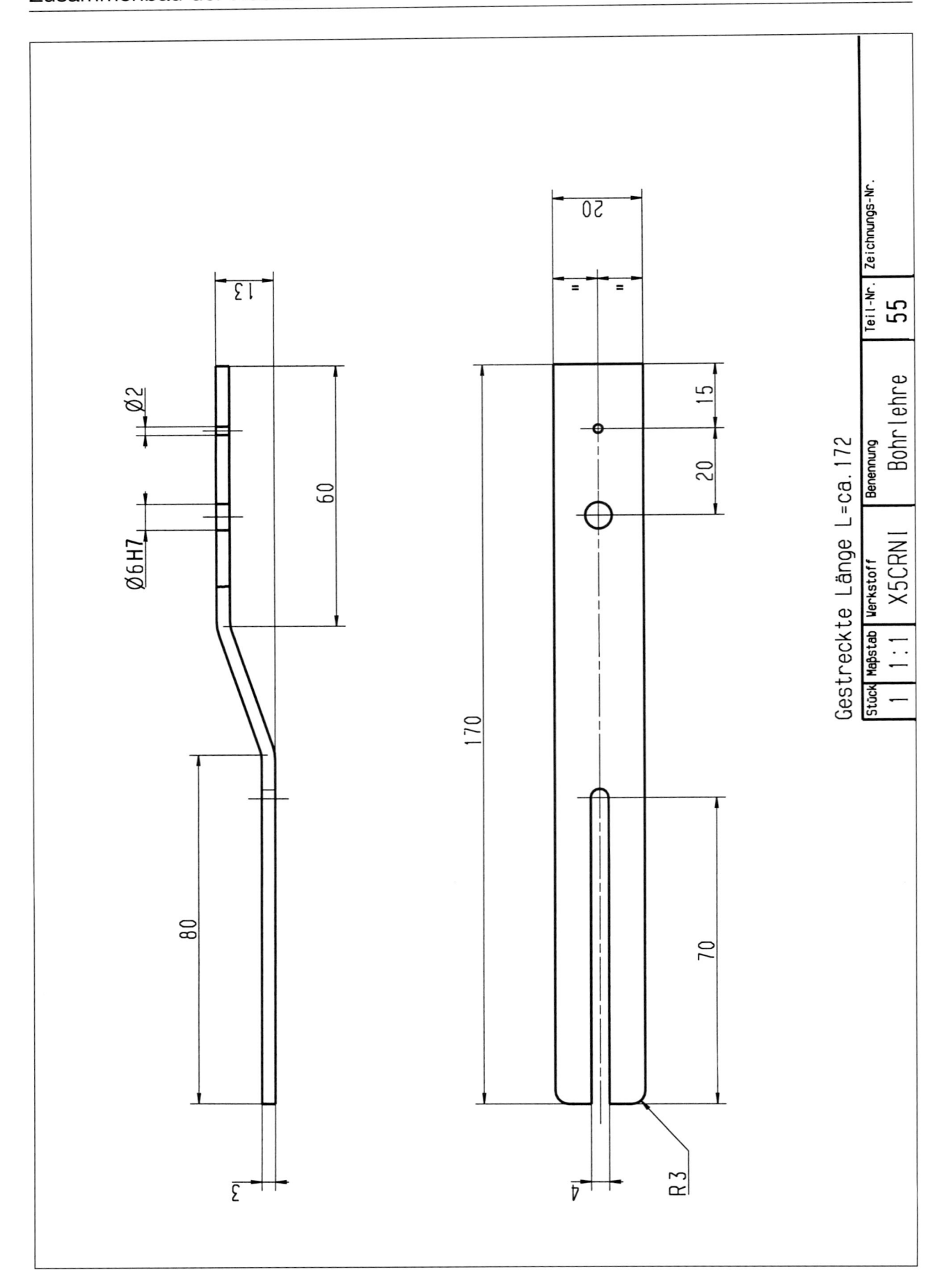

Stück	Maßstab	Werkstoff	Benennung	Teil-Nr. Zeichnungs-Nr.
1	1:1	X5CRNI	Bohrlehre	55

Gestreckte Länge L=ca. 172

Tender mit Spiritustank und Regulierungsventil

Die Zeichnung sagt schon sehr viel aus. Beachten Sie bitte, dass alle Teile hart gelötet werden müssen. Die Buchse oben am Tank mit M5-Gewinde und die untere Buchse mit dem Austritt der Ø 3-mm-Bohrung muss mit der Gewindestange mit Spitze 60 Grad zusammen in unseren Tank (Ø 35 mm) eingelötet werden. Nur dann ist eine parallele Führung gegeben. Wie man den Tank auf den Tender platziert, spielt keine Rolle. Das 3-mm-Kupferrohr muss allerdings so lang sein, dass unsere Lok mit dem Brenner gut versorgt wird. Die Trennstelle zwischen Lok und Wagen wird mit einem Silikonschlauch verbunden.

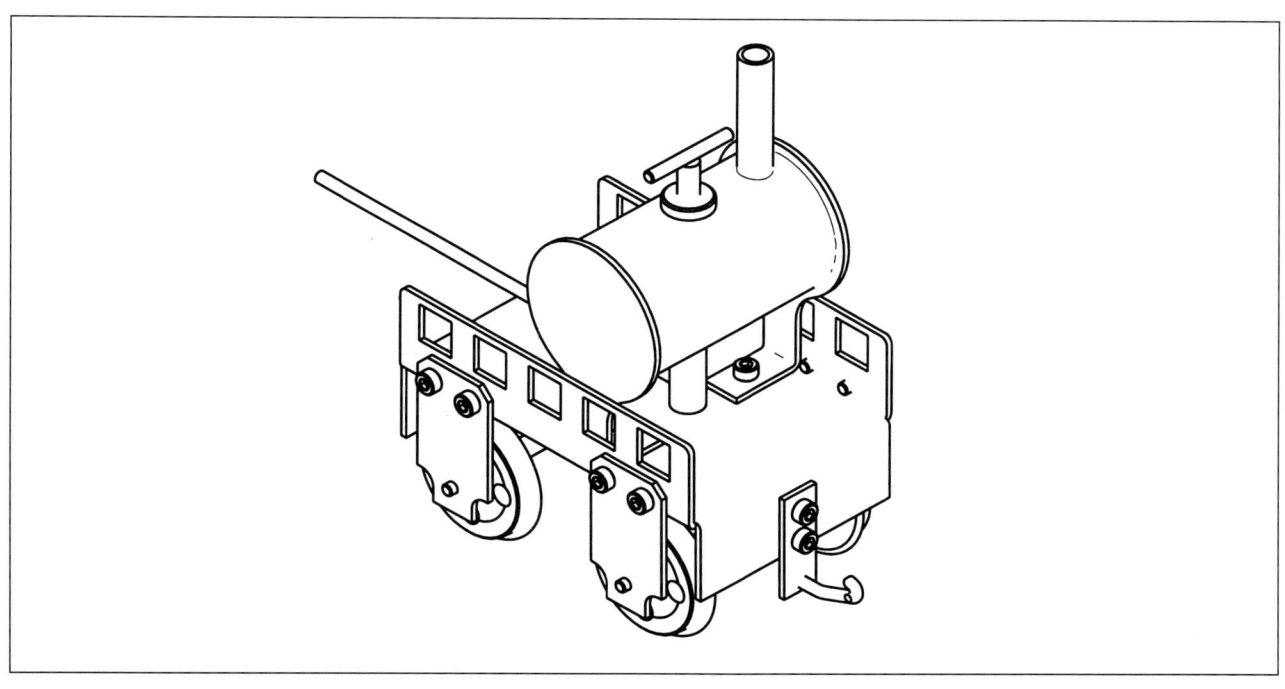

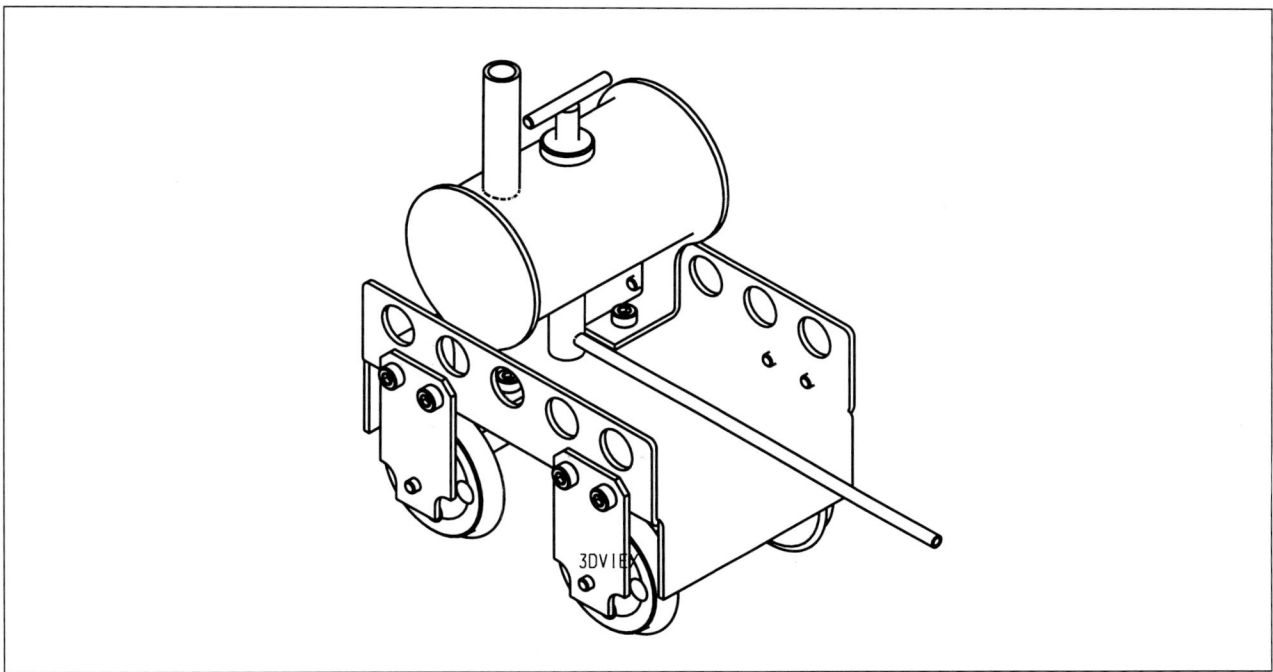

Tender mit Spiritustank und Regulierungsventil

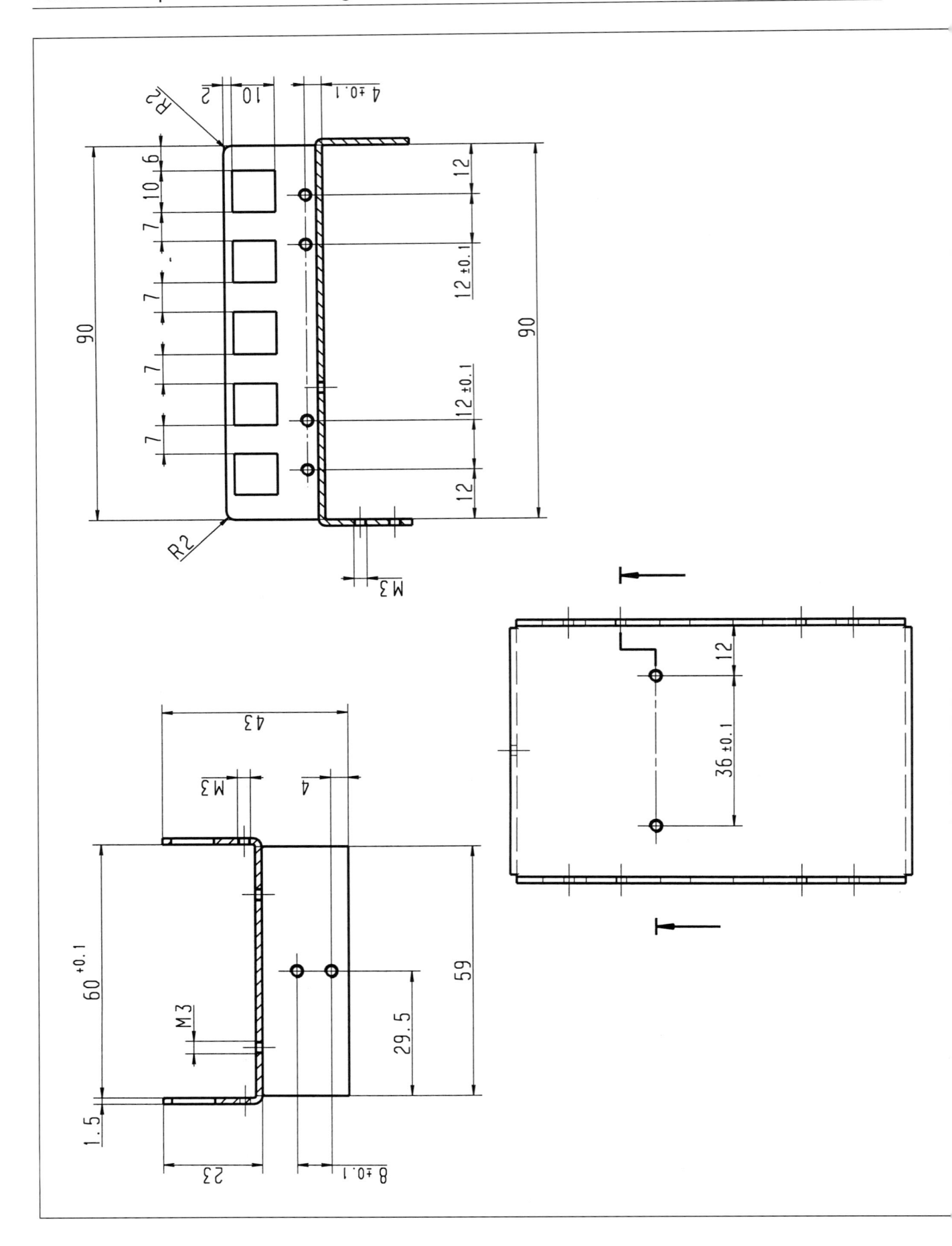

Tender mit Spiritustank und Regulierungsventil

Löcher 10x10 können auch rund Ø10 sein

Abwicklung

Stück	Maßstab	Werkstoff	Benennung	Teil-Nr.	Zeichnungs-Nr.
1	1:1	MS 58	Grundrahmen	1	

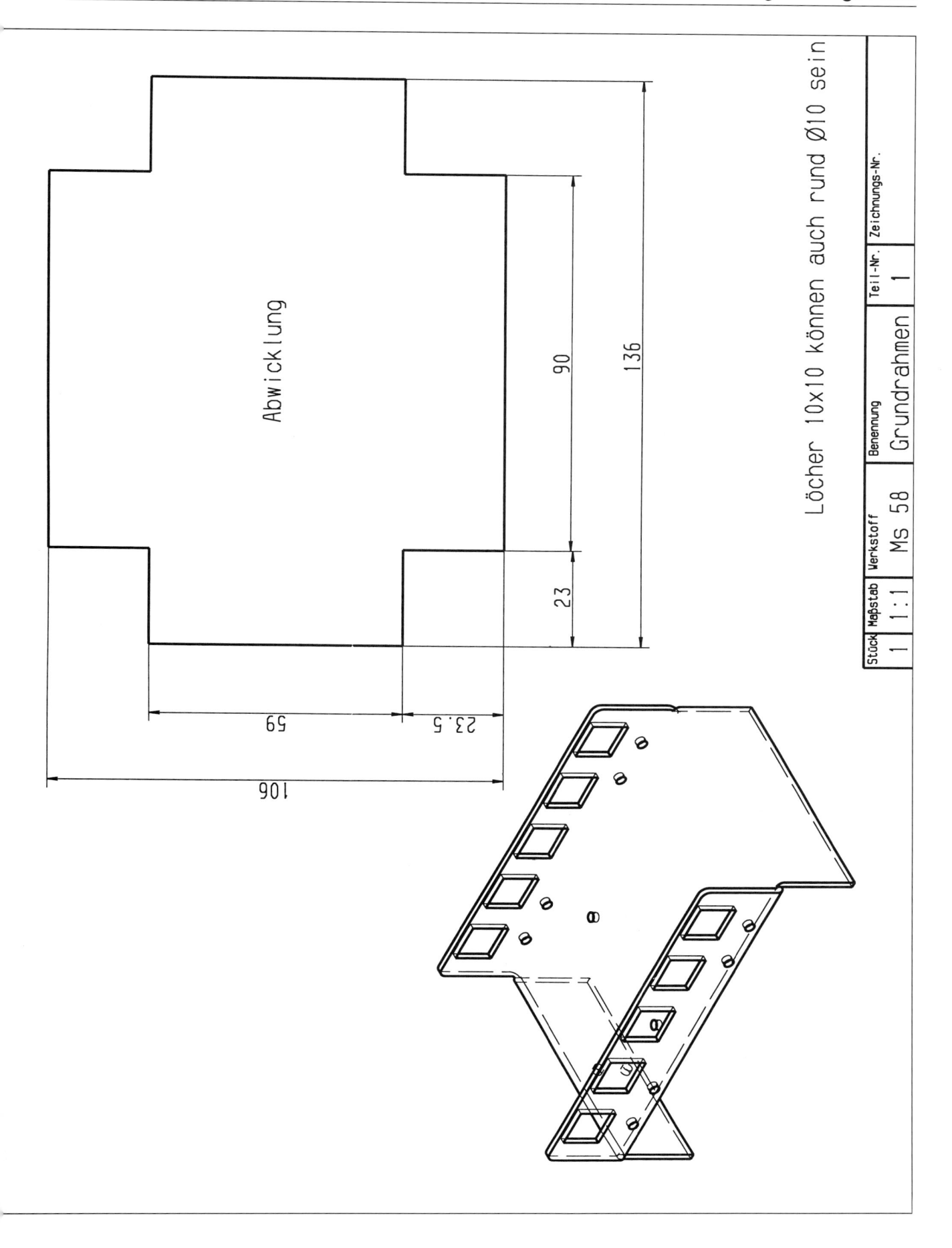

Tender mit Spiritustank und Regulierungsventil

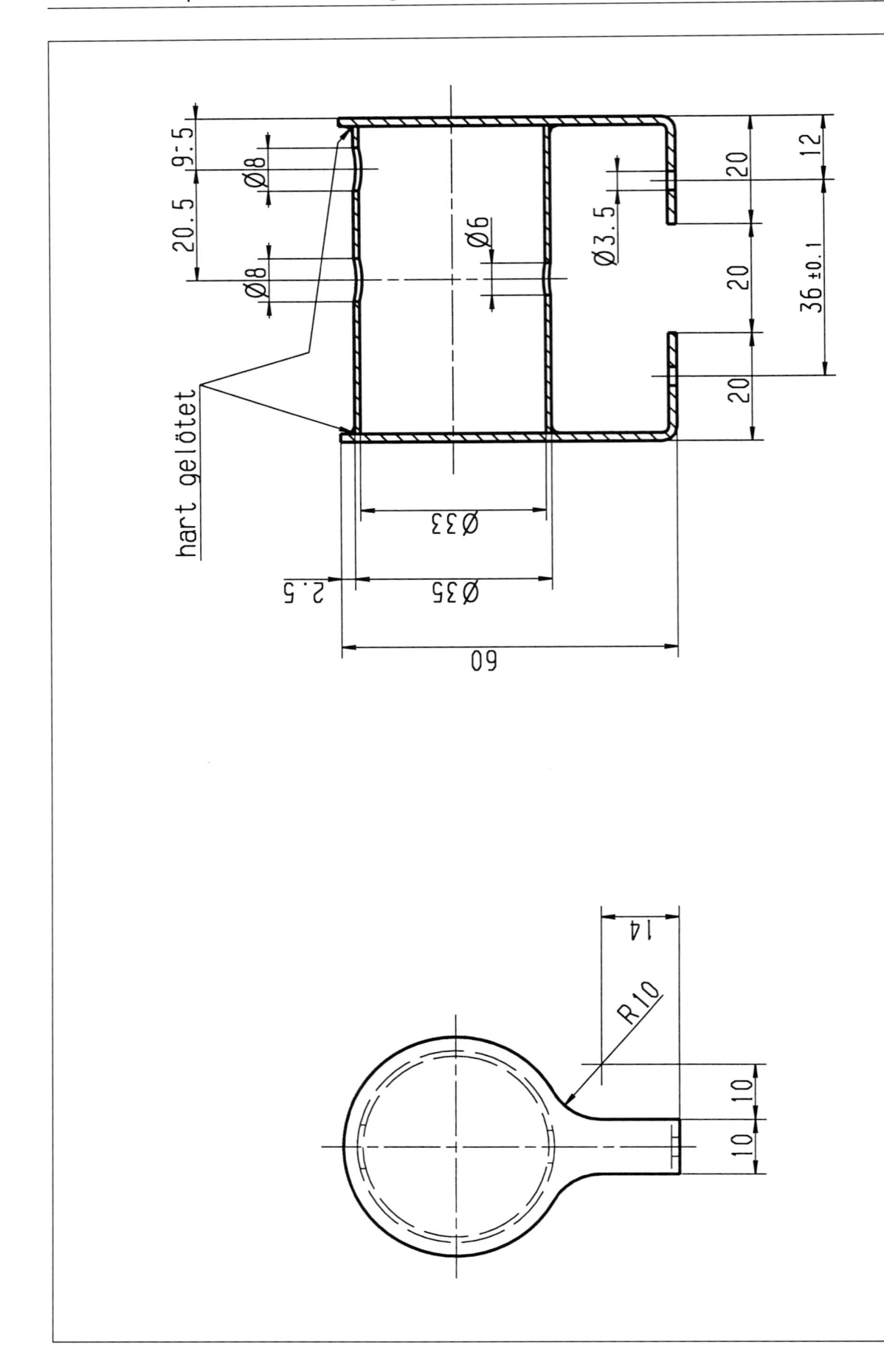

Tender mit Spiritustank und Regulierungsventil

Stück	Maßstab	Werkstoff	Benennung	Teil-Nr.	Zeichnungs-Nr.
1	1:1	MS 58	Spiritustank	U1	

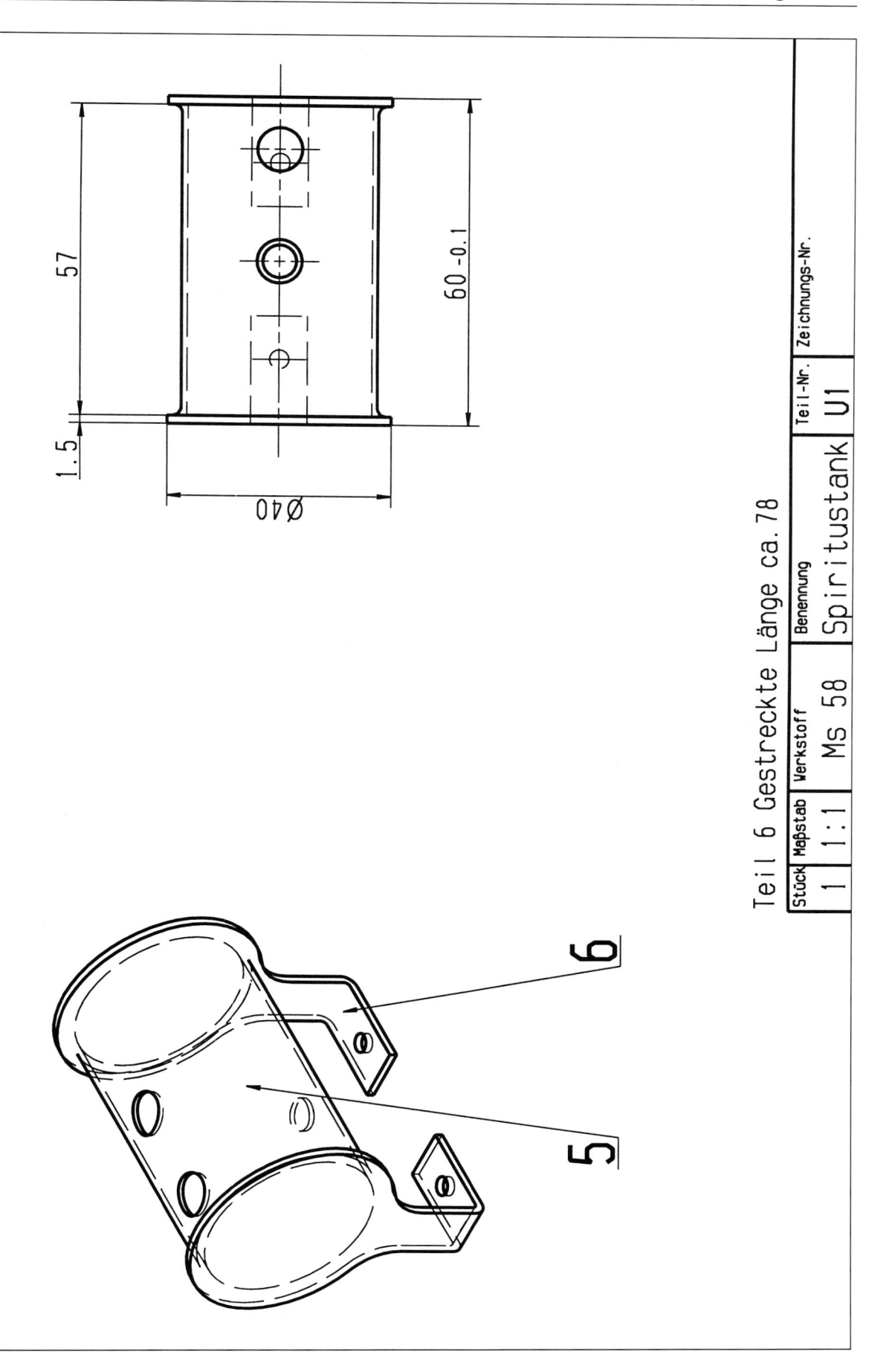

Teil 6 Gestreckte Länge ca. 78

Tender mit Spiritustank und Regulierungsventil

Stück	Maßstab	Werkstoff	Benennung	Teil-Nr.	Zeichnungs-Nr.
1	1:1	Ms 58	Reguliernadel		U2

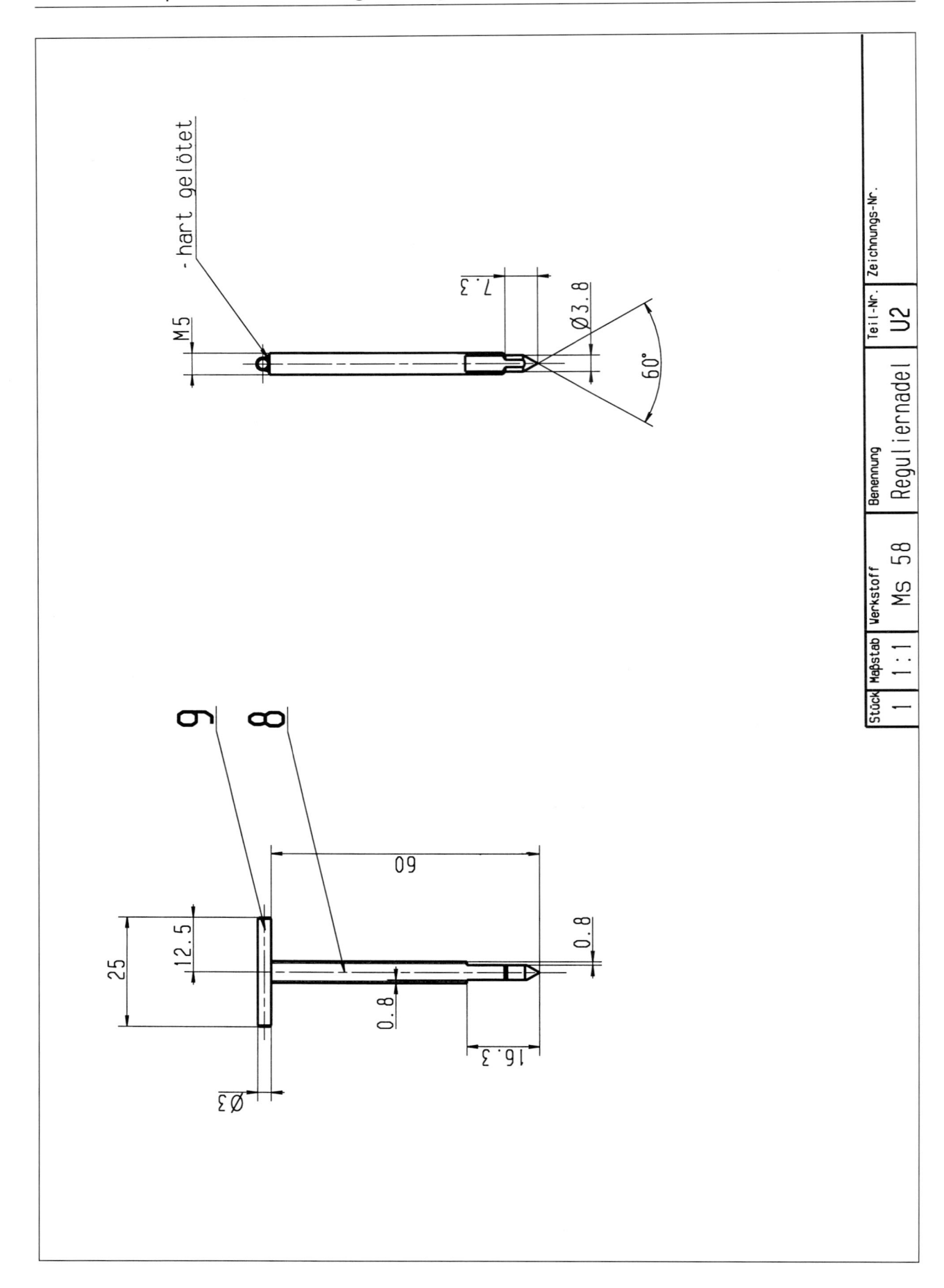

Tender mit Spiritustank und Regulierungsventil

Stück	Maßstab	Werkstoff	Benennung	Teil-Nr.
1	1:1	MS 58	Kupplungshaken	U3

Teil 12 Gestreckte Länge ca. 25

hart gelötet

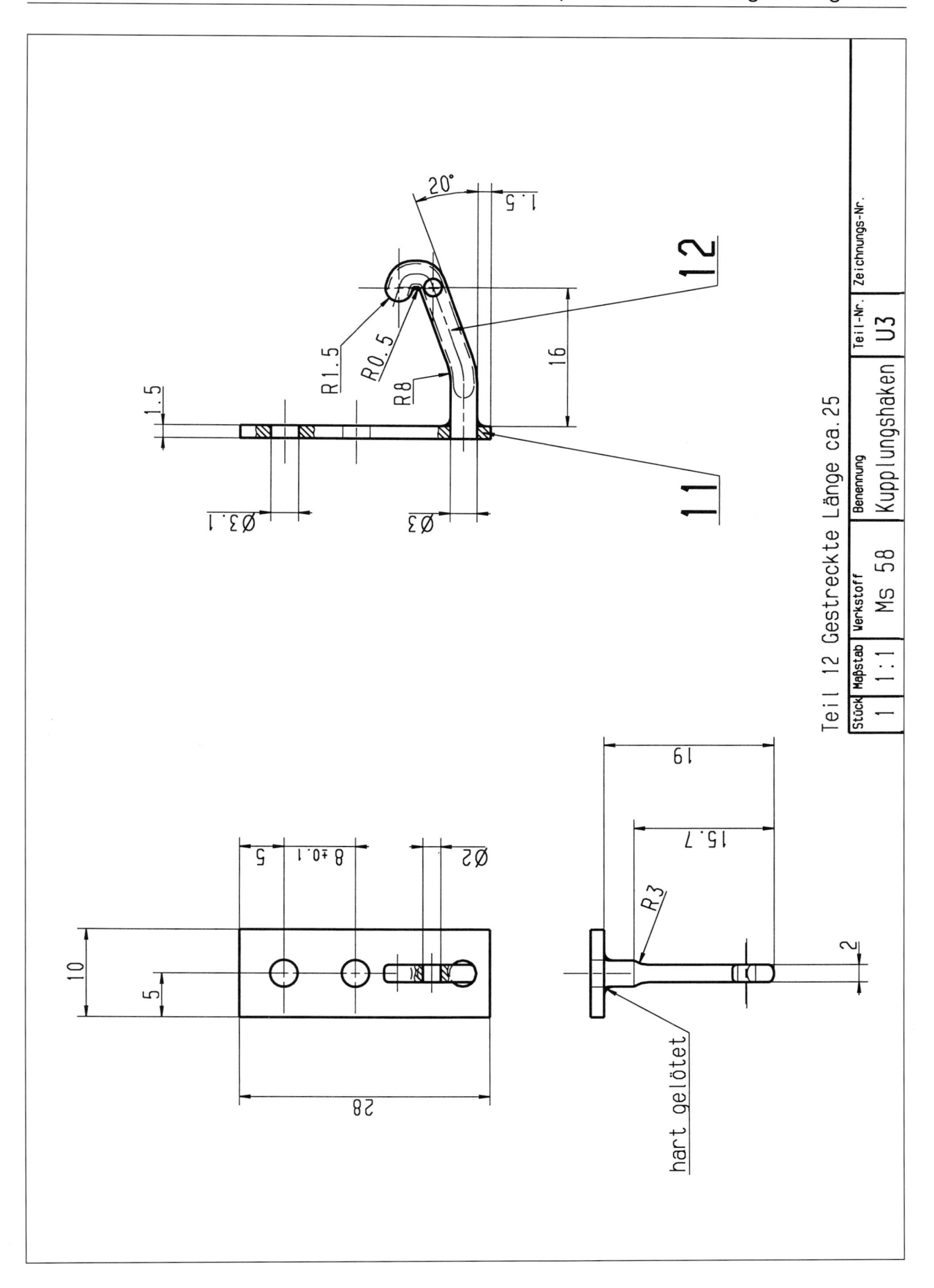

Tender mit Spiritustank und Regulierungsventil

Stück	Maßstab	Werkstoff	Benennung	Teil-Nr.	Zeichnungs-Nr.
4	2:1	MS 58	Achslager	16	

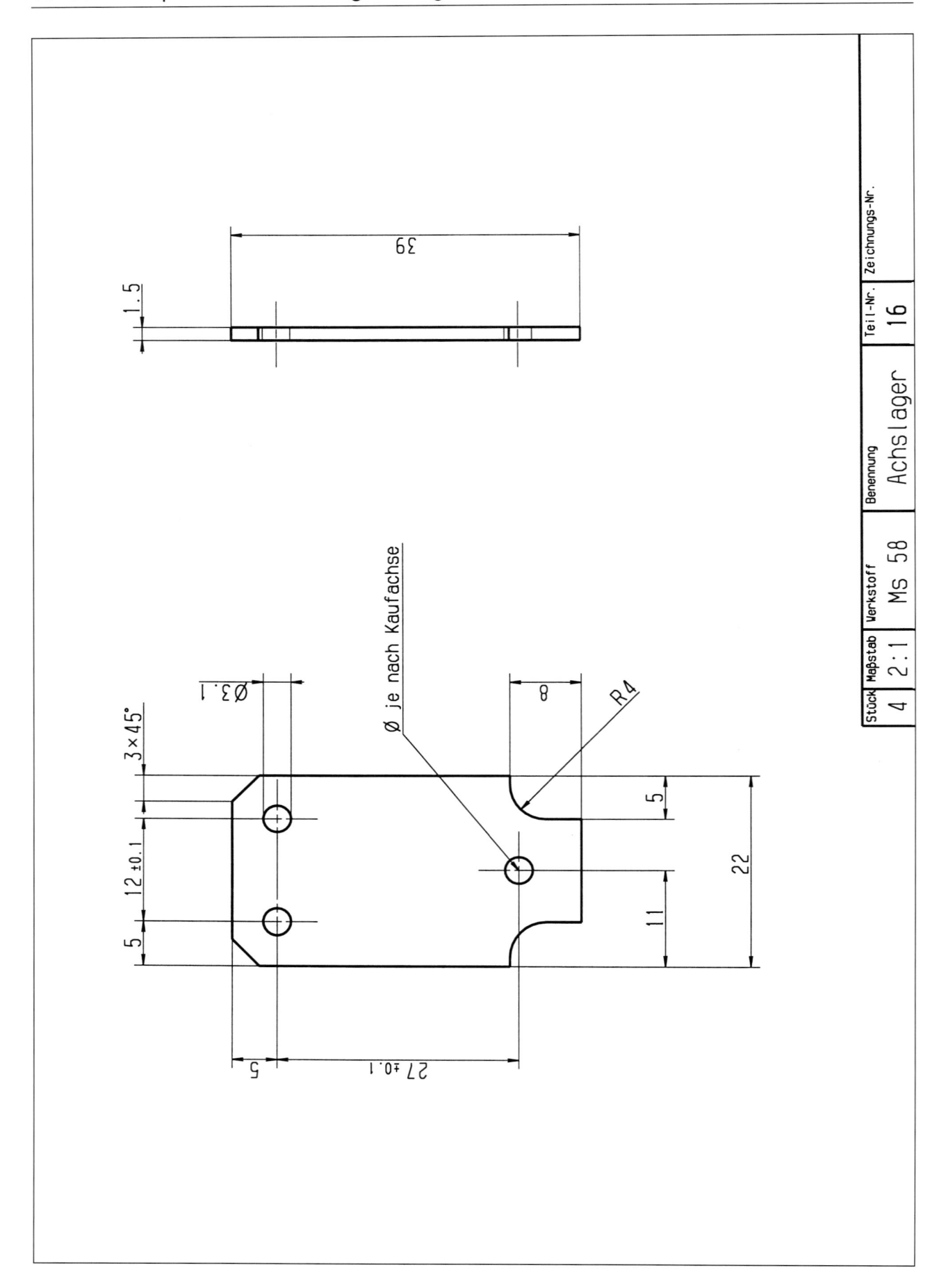

Tender mit Spiritustank und Regulierungsventil

Stück	Maßstab	Werkstoff	Benennung	Teil-Nr.	Zeichnungs-Nr.
1	2:1	MS 58	Regulierventil	17	

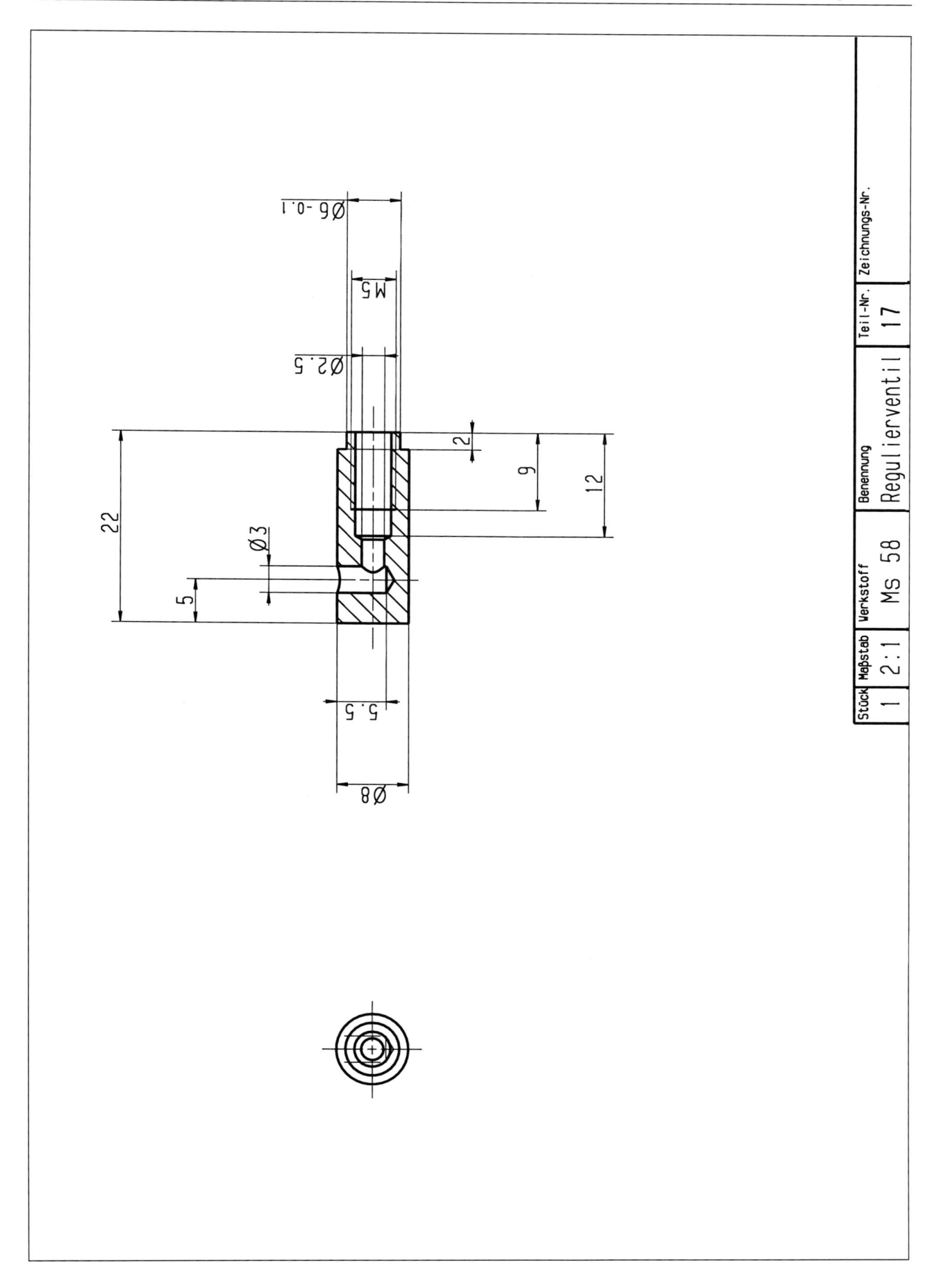

Tender mit Spiritustank und Regulierungsventil

Stück	Maßstab	Werkstoff	Benennung	Teil-Nr.	Zeichnungs-Nr.
1	5:1	Ms 58	Führungsbuchse	18	

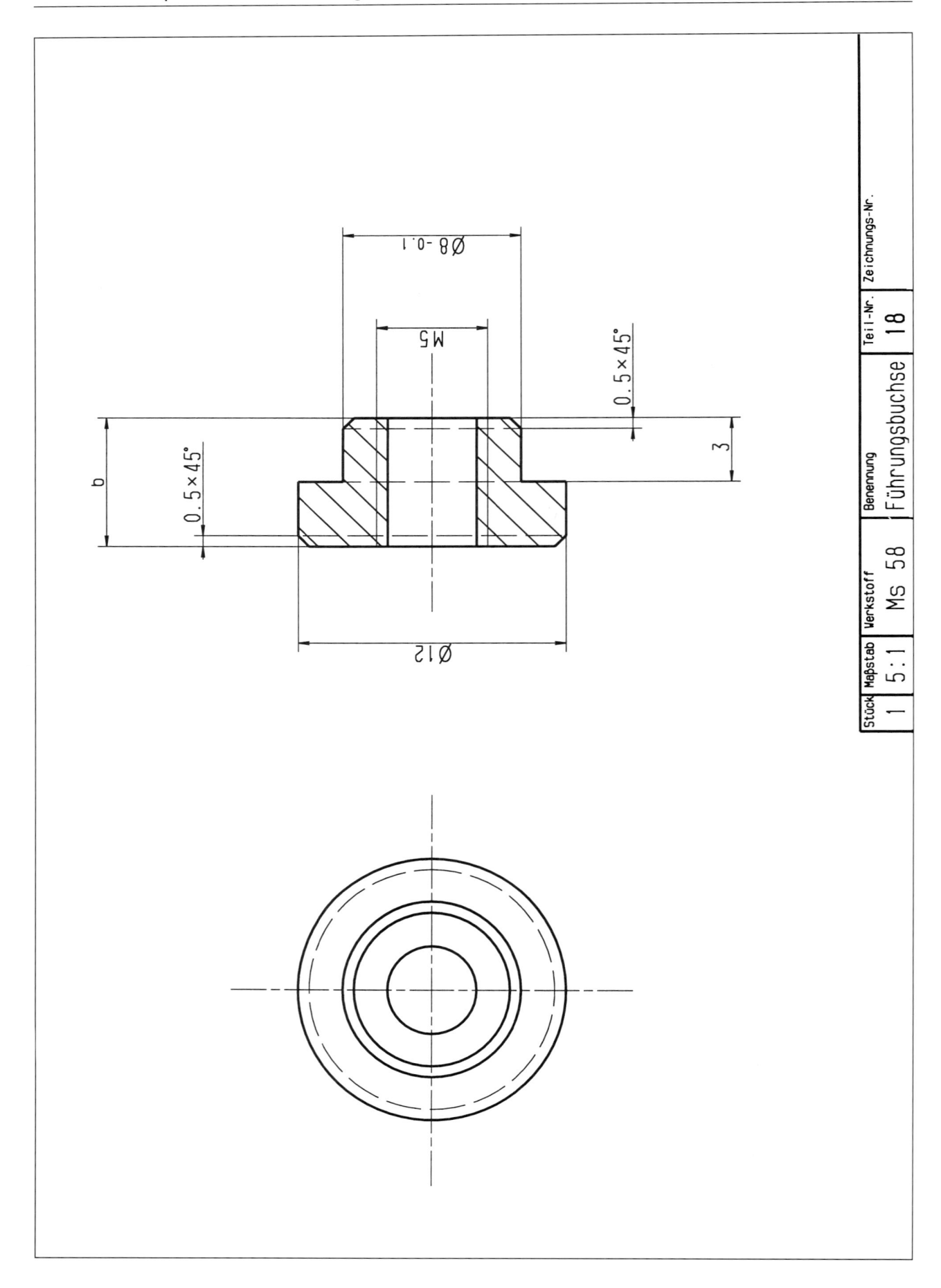

Tender mit Spiritustank und Regulierungsventil

Stück	Maßstab	Werkstoff	Benennung	Teil-Nr.	Zeichnungs-Nr.
1	2:1	MS 58	Entlüftungsrohr	19	

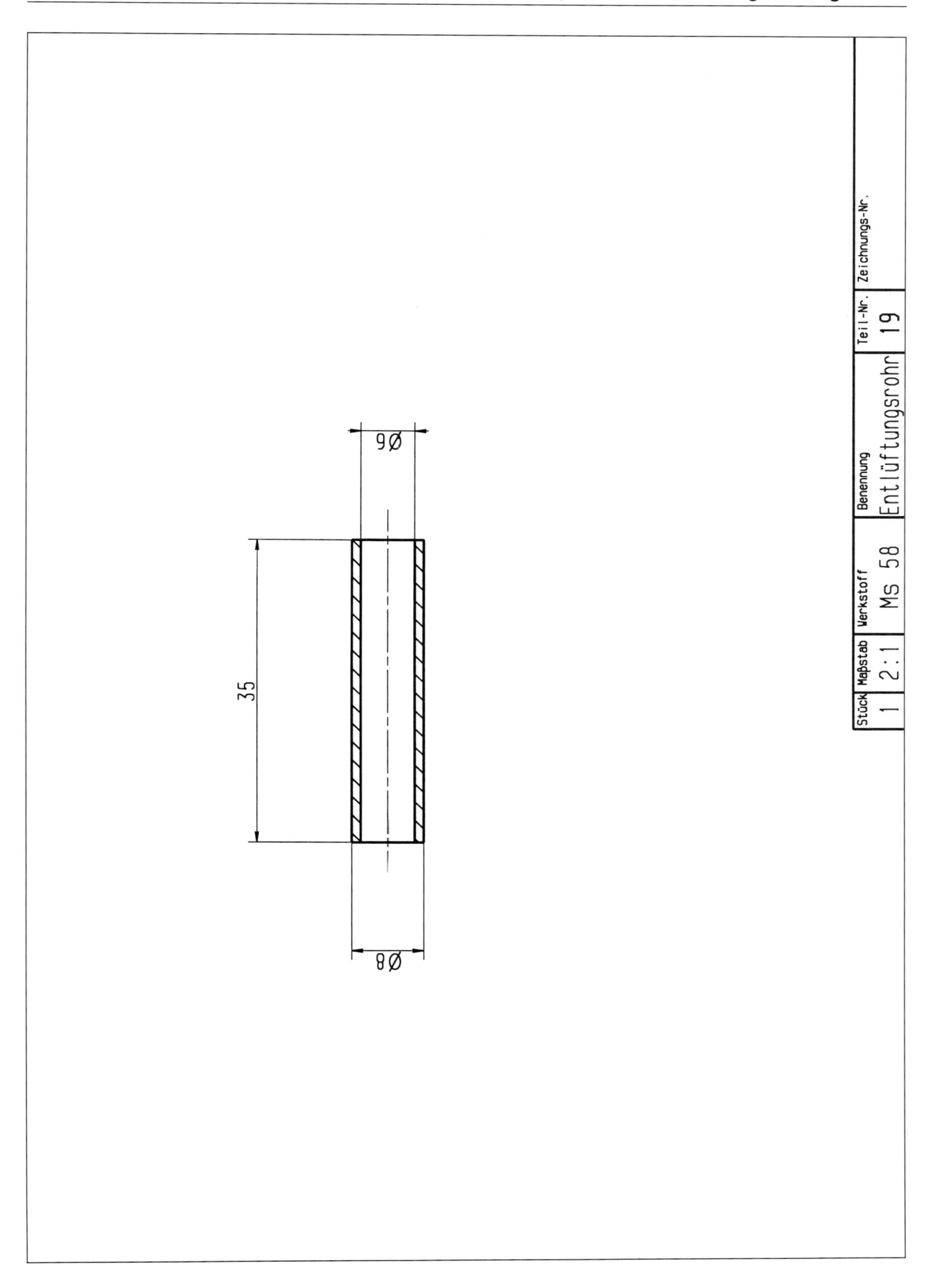

Tender mit Spiritustank und Regulierungsventil

Stück	Maßstab	Werkstoff	Benennung	Teil-Nr.	Zeichnungs-Nr.
1	2:1	Ms58/Cu	Zulaufrohr	20	

Ø2

Ø3

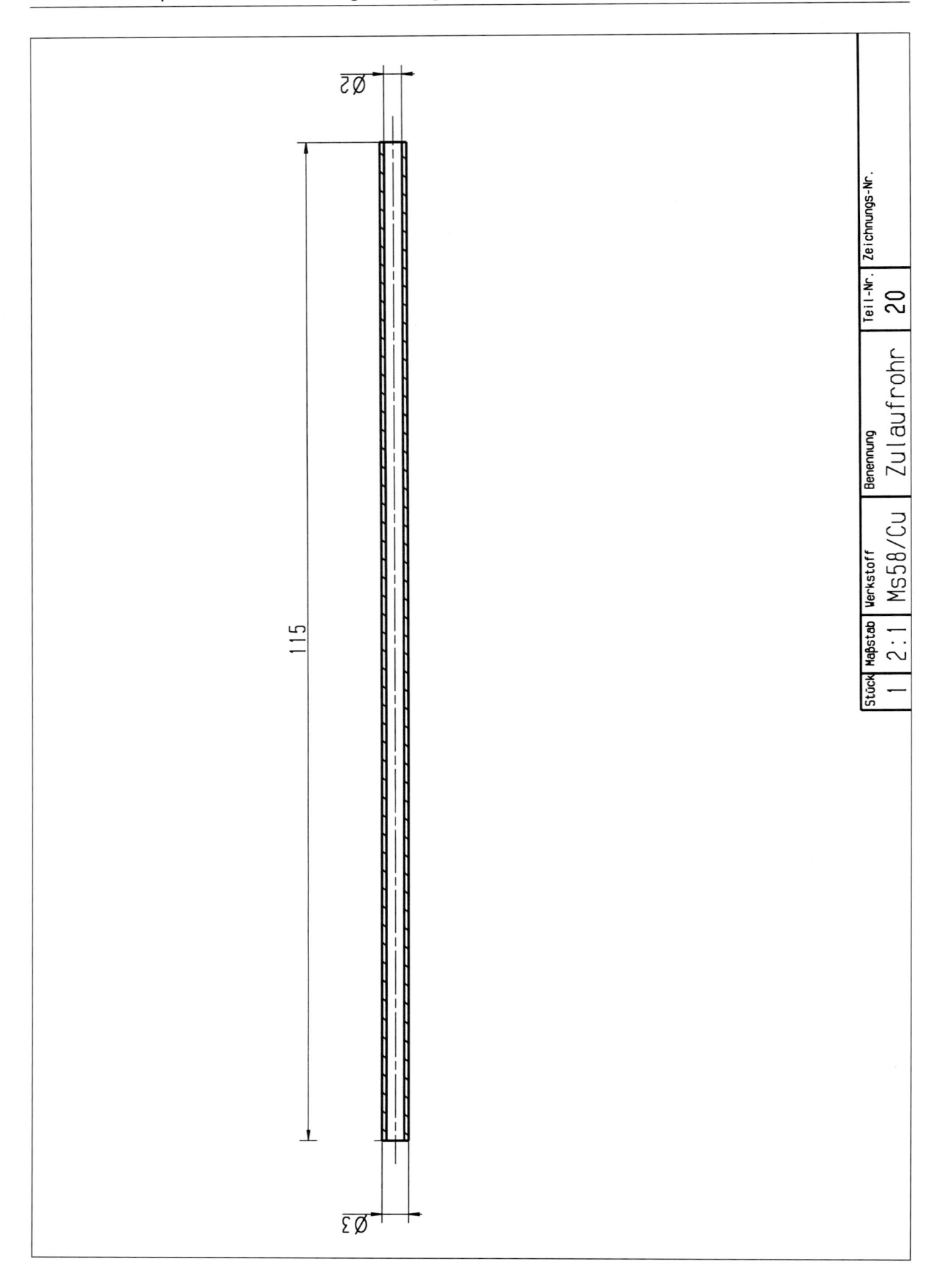

115

Tender mit Spiritustank und Regulierungsventil

Stück	Maßstab	Werkstoff	Benennung	Teil-Nr.	Zeichnungs-Nr.
4	5:1	MS 58	Distanzbuchse	21	

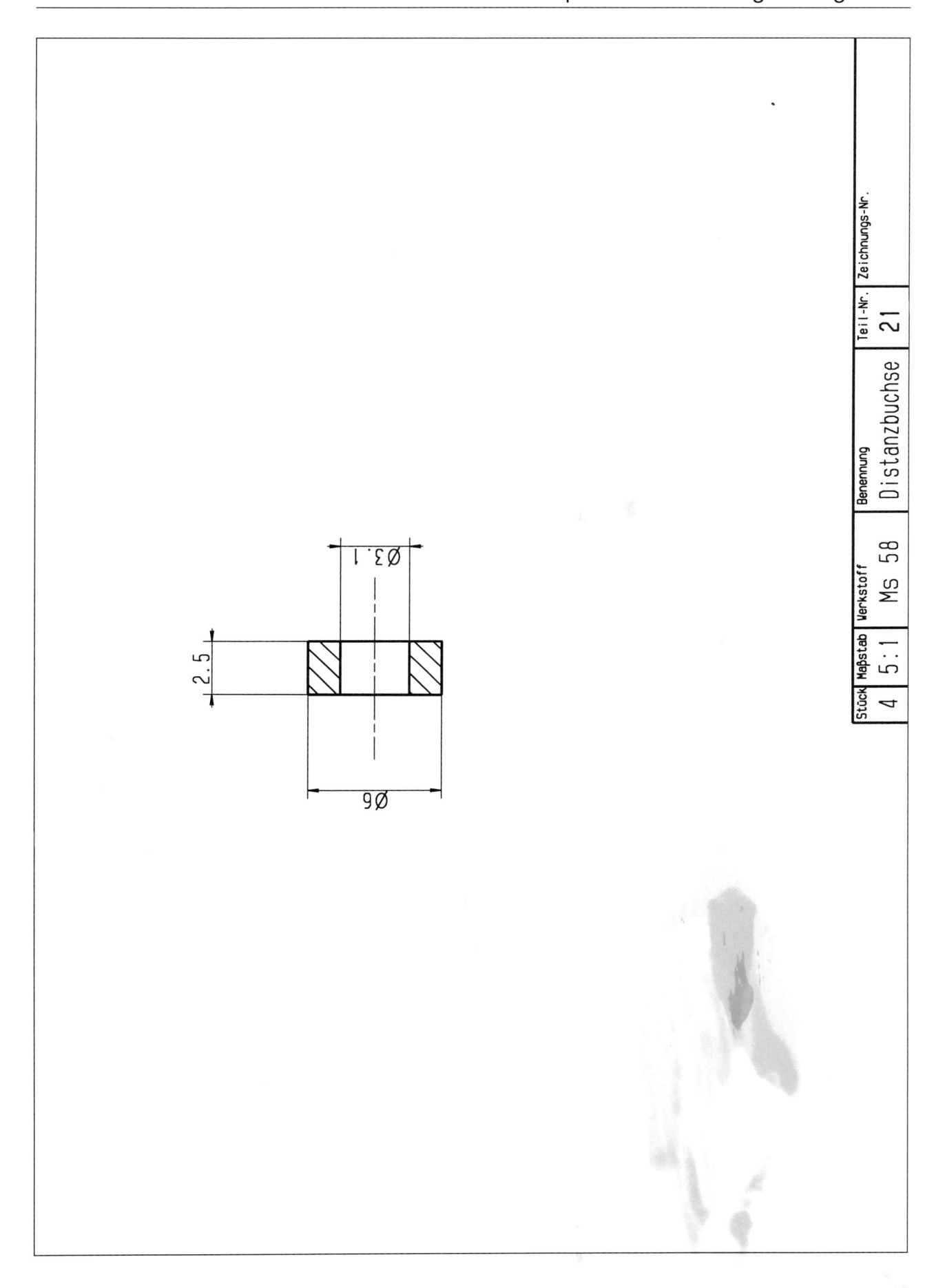

Ø3,1
2,5
Ø9

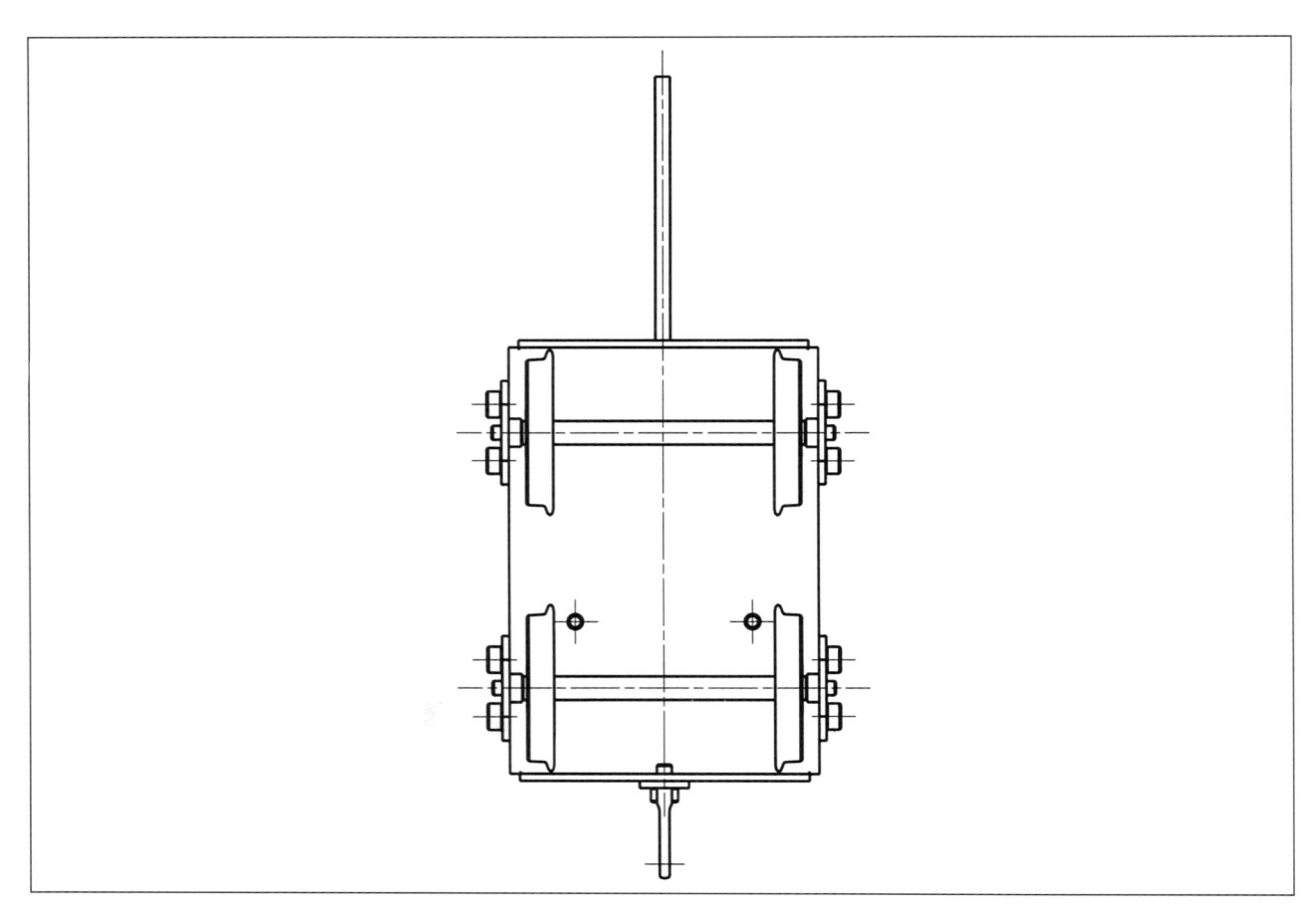

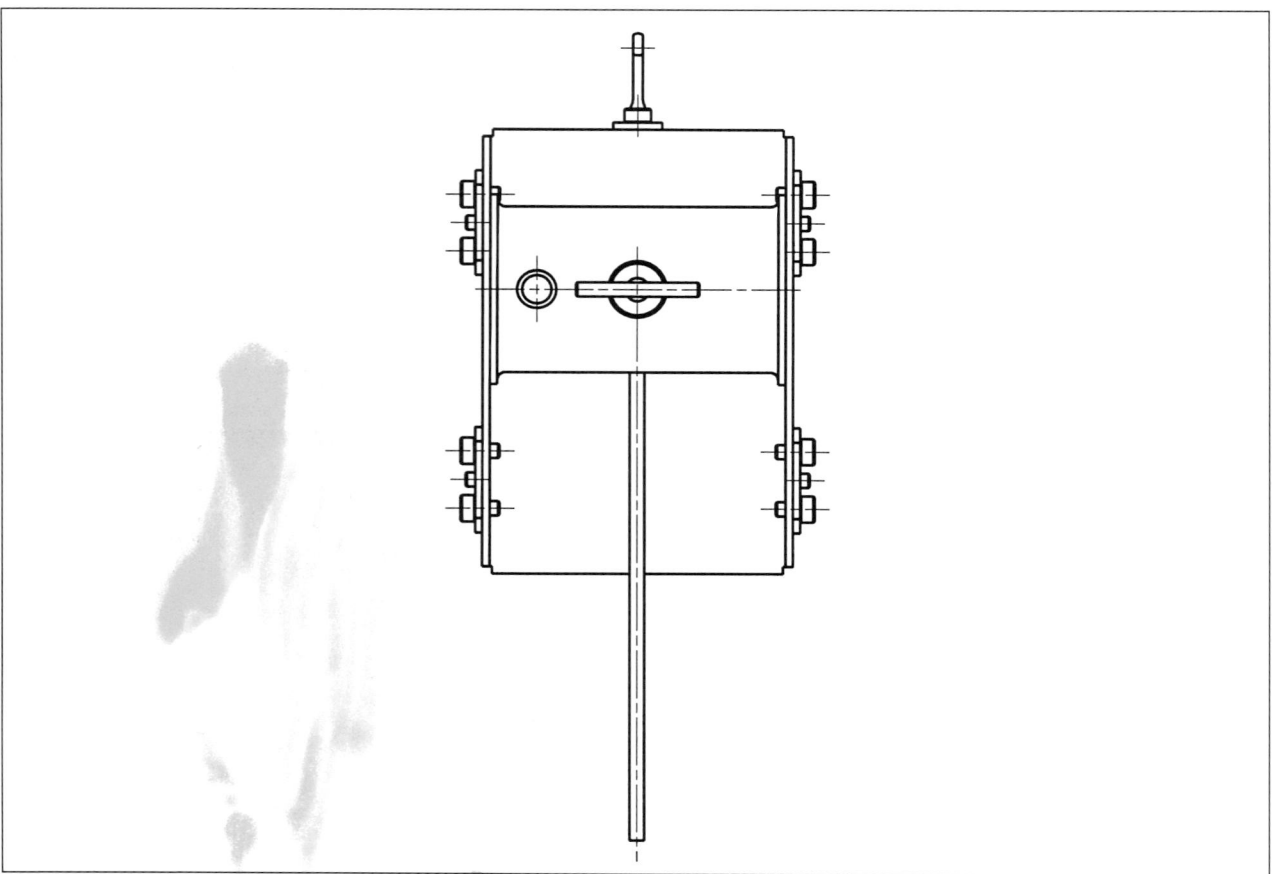

Tender mit Spiritustank und Regulierungsventil

68

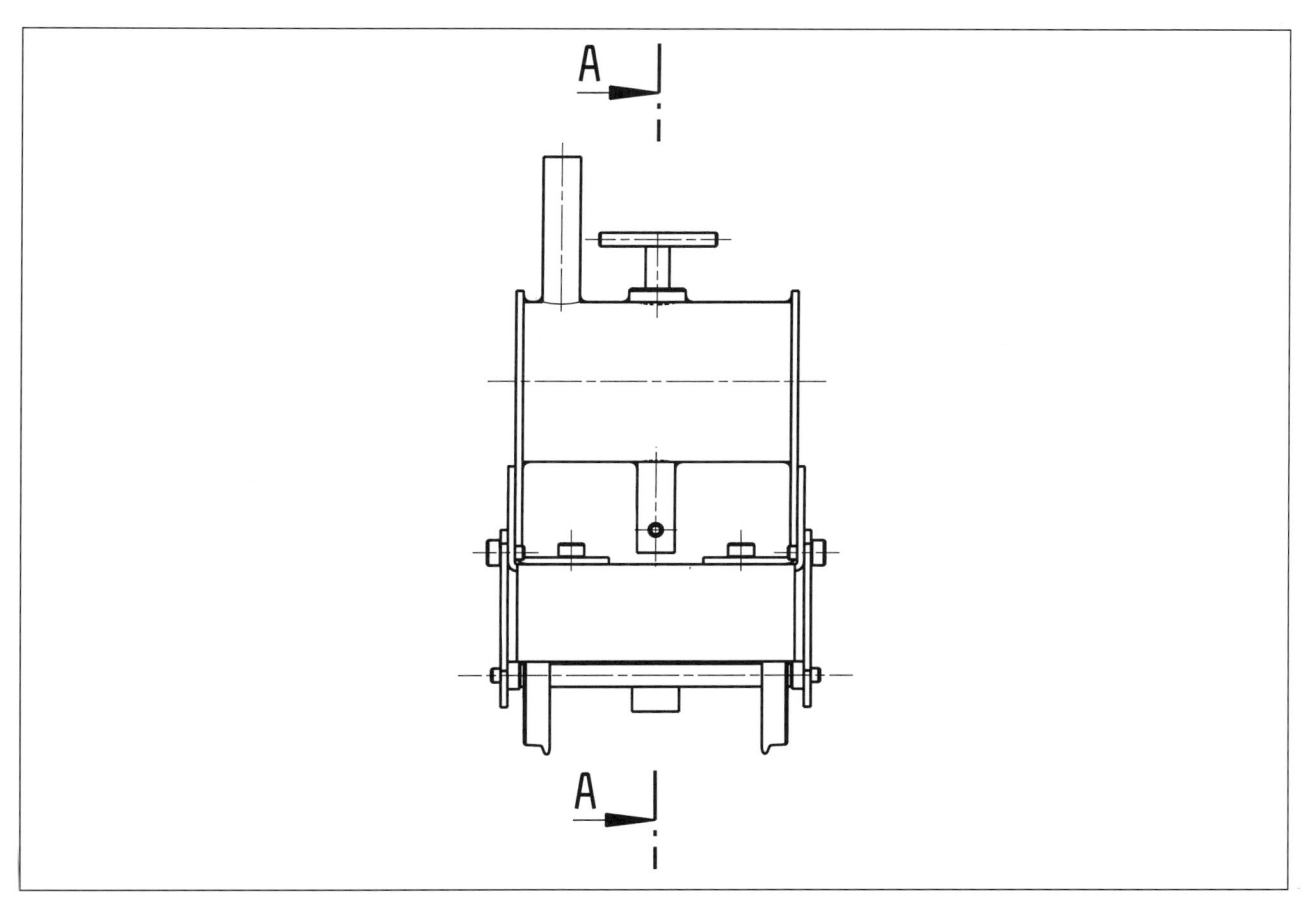

Tender mit Spiritustank und Regulierungsventil

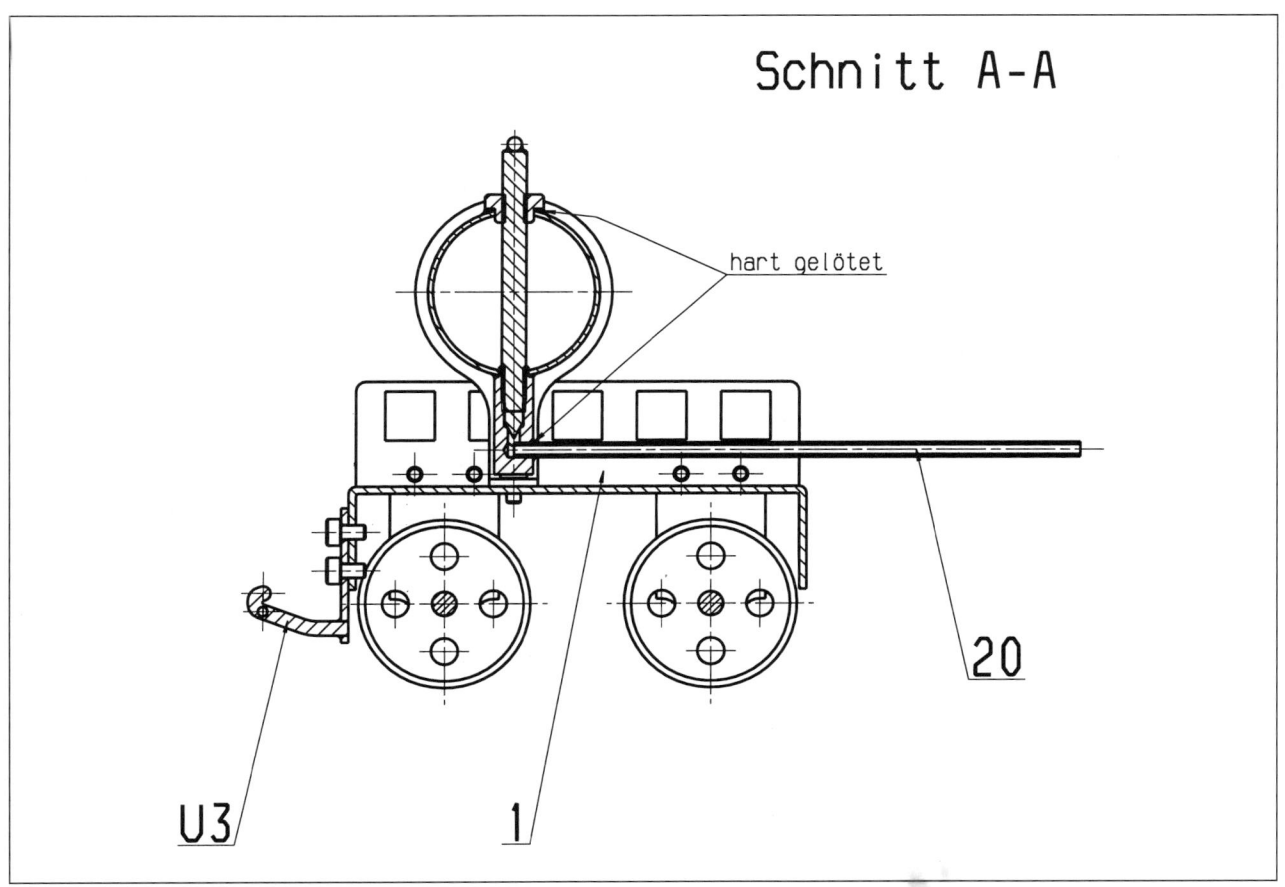

Schnitt A-A

hart gelötet

U3   1   20

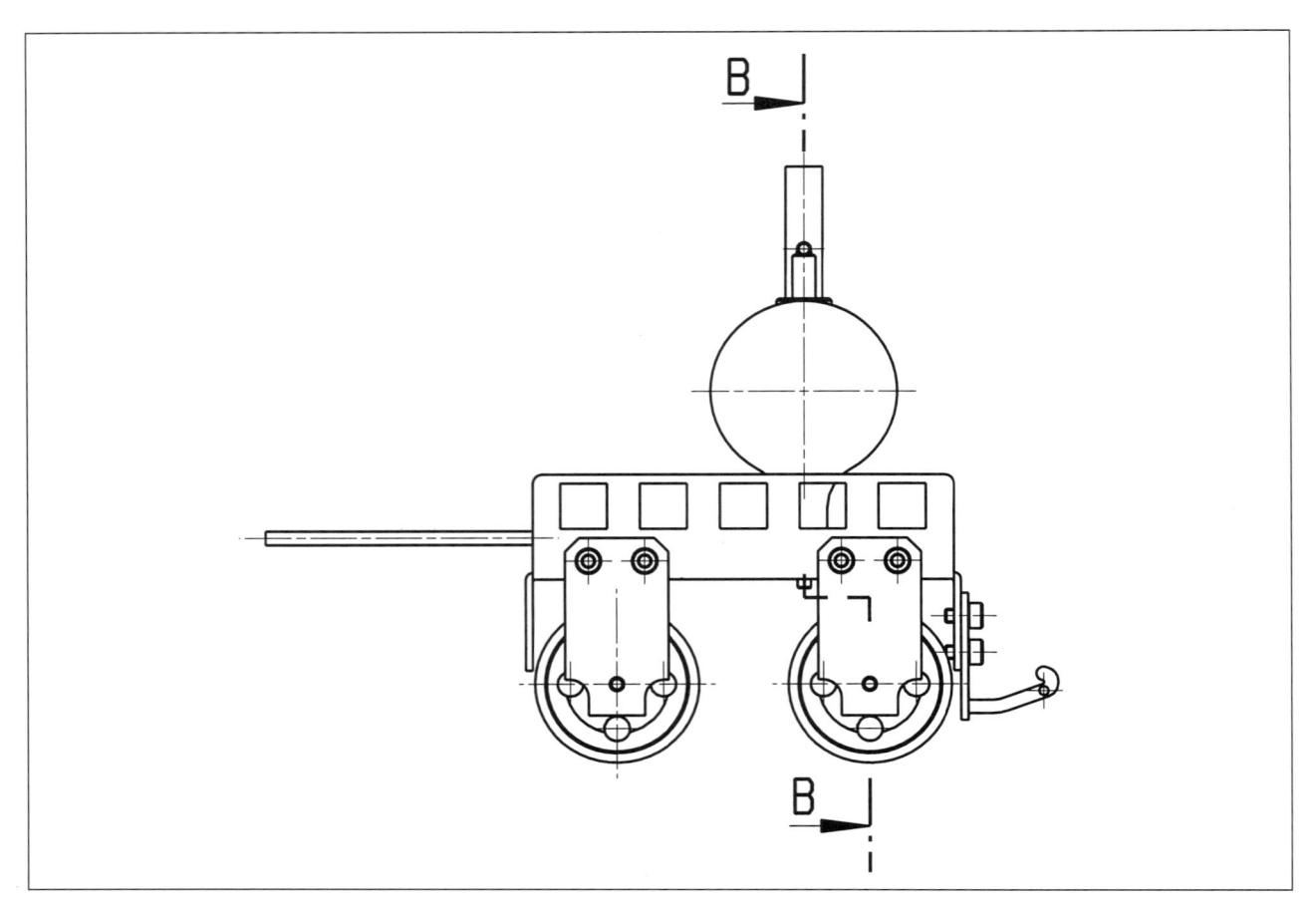

Tender mit Spiritustank und Regulierungsventil

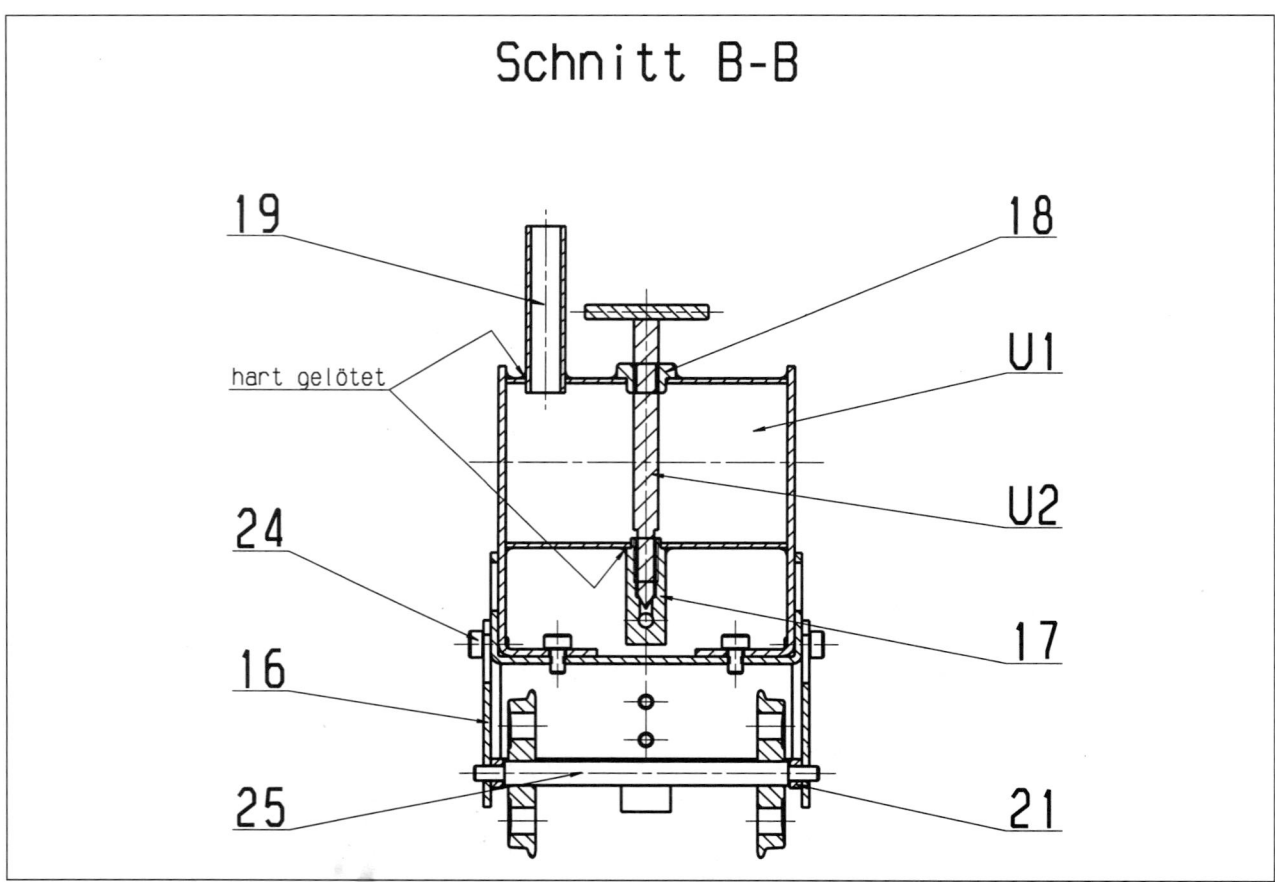

Schnitt B-B

hart gelötet

19, 18, U1, U2, 24, 17, 16, 25, 21

70

Prüfstand für die Rocket

Dazu kann man ein Märklin-Gleis Spur I verwenden. Das Gleisstück wird entweder auf ein langes Holzstück oder auf Aluminium-Flachmaterial geschraubt. Die Schrauben, die den Grundrahmen und die Rahmenhalter rechts und links, vorne am Treibrad verbinden, sind zu entfernen. Wir fertigen Bolzen im Durchmesser von 6 mm und drehen an einem Ende Gewinde M 3x5 an die beiden Bolzen. Der Abstand von 27 mm muss nun auf unser Holzstück oder das Aluminium-Material übertragen werden. Die Länge des Bolzens bestimmt die Höhe des Rahmens. Die Treibräder dürfen die Schienen nicht berühren. Wenn wir circa 2-3 mm über den Schienen vorne mit den Treibrädern angelangt sind, ist es richtig. Jetzt kann man die Rocket mit Anhänger ohne Schienenberührung laufen lassen.

Es können die unterschiedlichsten Konstruktionen gebaut werden. Der Phantasie sind hier keine Grenzen gesetzt.

Es gibt einige Dampfmodellbauer, welche die Spiritusfeuerung nicht besonders mögen. Natürlich kann man die Rocket auch mit Gas betreiben. Unter dem Kessel einen ordentlichen Keramikbrenner montiert und im Anhänger einen Gastank mit Regulierventil gebaut, und ab geht die Post. Ich schreibe das mal so locker, aber probieren gehr über studieren. Meine so gebauten Dampflokomotiven laufen einwandfrei. Ich freue mich jetzt schon darauf, die ersten Rockets auf Dampfausstellungen zu sehen!

Herzlichst
Euer Dietmar Schellenberg

Literaturhinweise

DAMPF 1 — 37,
Neckar-Verlag, Villingen-Schwenningen

Heißluftmotoren I—VIII,
Neckar-Verlag, Villingen-Schwenningen

Handbuch Modell-Dampfmaschinen,
Rob van Dort/Joop Oegema,
Neckar-Verlag, Villingen-Schwenningen

Volldampf voraus!,
Klaus Buldt/Dirk Stukenbrok,
Neckar-Verlag, Villingen-Schwenningen

Dampfmaschinen im Modellbau,
Stefan Sengpiel,
Neckar-Verlag, Villingen-Schwenningen

Modelleisenbahn-Dampfbetrieb,
Siegfried Wollin,
Neckar-Verlag, Villingen-Schwenningen

Dampfantrieb leicht gemacht,
Dietmar Volks,
Neckar-Verlag, Villingen-Schwenningen

SchiffsModell, monatliche Fachzeitschrift,
Neckar-Verlag, Villingen-Schwenningen

Journal Dampf Heißluft – Das Magazin für Modellbauer und Nostalgie-Fans, vierteljährlich,
Neckar-Verlag, Villingen-Schwenningen

Online bestellen: **www.neckar-verlag.de**
Der Modellbautreff im Internet:
www.modellbauportal.de

„Weitere Informationen zur Material- und Werkzeugbeschaffung finden Sie bei:"

de&ha innovativ gmbh, Bereich dhCenter Werkzeuge, D-70563 Stuttgart

Dorrington Technische Raritäten GmbH, D-64347 Griesheim

Hartmann Maschinenbau, D-97456 Dittelbrunn

Krick, Klaus, Modelltechnik, D-75438 Knittlingen

Mayr A bis Z Versandhandel, D-81671 München

Optimum Maschinen Germany GmbH, D-96103 Hallstadt

Orbetech AG, CH-6312 Steinhausen

Regner Dampf- und Eisenbahntechnik, D-91589 Aurach

Schmitt, Paul, Metalle zum Drehen, D-76889 Kapsweyer

Schröder GmbH & Co., Wilhelm, Wilesco, D-58511 Lüdenscheid

Wilms Metallmarkt, Lochbleche, D-50825 Köln